膜技术
与膜制备基础

Fundamentals of
Membrane Technology and Fabrication

高卓凡　李培　雷敏 等｜编著

化学工业出版社
·北京·

内容简介

《膜技术与膜制备基础》从社会需求出发，对水处理膜、气体分离膜、膜蒸馏膜、渗透汽化膜等涉及的传质机理、膜材料、膜结构特征、制膜方法和膜组件、膜装置的设计应用与污染控制进行了全面详细的介绍，总结了每种膜分离技术的工业应用。本书从每项膜技术的源头进行介绍，使读者通过了解膜技术的发展历史，抓住膜技术的发展规律。

本书可作为从事膜研究的科研人员、企事业单位管理人员等的参考资料，也可作为高等院校相关专业的研究生和高年级本科生的教材。

图书在版编目（CIP）数据

膜技术与膜制备基础 / 高卓凡等编著. — 北京：化学工业出版社，2025. 6. — ISBN 978-7-122-47586-2

Ⅰ. TB43

中国国家版本馆 CIP 数据核字第 2025VN4876 号

责任编辑：成荣霞　　　　　装帧设计：王晓宇
责任校对：田睿涵

出版发行：化学工业出版社
　　　　　（北京市东城区青年湖南街 13 号　邮政编码 100011）
印　　装：涿州市般润文化传播有限公司
710mm×1000mm　1/16　印张 13¼　字数 242 千字
2025 年 5 月北京第 1 版第 1 次印刷

购书咨询：010-64518888　　　售后服务：010-64518899
网　　址：http://www.cip.com.cn
凡购买本书，如有缺损质量问题，本社销售中心负责调换。

定　　价：128.00 元　　　　　　　版权所有　违者必究

前言

近年来，随着我国膜分离科学的迅猛发展，新材料与新技术层出不穷，众多高等学府亦纷纷开设相关课程。在讲授研究生课程"膜制备与应用"期间，笔者积累了丰富的资料。为了便于学生总结课堂知识，深入理解各类膜技术的起源与发展，笔者萌生了撰写一部系统介绍膜技术与制备方法书籍的想法。2023年，笔者与长江科学院的高卓凡博士合作，启动了本书的编撰工作。

本书内容主要基于课堂讲义及国内外文献，从需求驱动的视角出发，将膜技术与重大社会需求和工业应用紧密结合。在介绍膜技术与膜制备的过程中，书中融入了材料科学（包括高分子物理、高分子化学、有机化学）和化学工程学（化工原理、热力学、物理化学、传递过程等）的相关知识，旨在帮助读者在学习膜科学的同时，掌握膜材料设计、合成、改性、制膜工艺及膜组件设计等关键知识。

本书由李培组织撰写，高卓凡与李培共同拟定书稿大纲，并指导各章节内容的编排。全书共分为9章：第1章由高卓凡与李培共同整理撰写，主要探讨膜技术与社会需求的关系；第2章由高卓凡撰写，系统介绍水处理技术的发展历程、膜分离净水技术的应用及面临的瓶颈；第3章由高卓凡与石妍共同撰写，深入讲解渗透压的概念、反渗透技术的发展历史、反渗透过程的热力学模型、反渗透膜的制备技术、纳滤过程及纳滤膜的制备方法；第4章由石妍与蒋文广共同撰写，介绍微滤膜传质模型、污染模型在超滤膜、微滤膜方法中的应用，以及微孔膜在水处理领域之外的其他应用情况；第5章由李培撰写，阐述气体在聚合物中传质的理论模型、影响因素，以及气体分离膜的制备及测试方法；第6章由蒋文广与张亮共同撰写，介绍多层复合膜的历史发展和应用（包括多层涂敷和界面聚合技术）；第7章由张亮与夏求林共同撰写，探讨如何通过调控分子结构设计高性能聚合物膜、聚合物/纳米材料复合膜、耐溶胀气体分离膜材料，以及共聚聚合物膜、混合基质膜的传质模型；第8章由中南民族大学雷敏撰写，介绍非溶剂相转化方法制膜原理及其在水处理膜和气体分离膜中的应用；第9章由夏求林与高卓凡共同撰写，阐述渗透汽化膜的原理、制备及应用。

本书的出版得到了科学技术部国家重点研发计划"政府间国际科技创新合作"重点专项"水环境中微生物在线监测与水质预警技术研究与示范"（2022YFE0117000）、国家自然科学基金项目"混凝土表面等离子热喷陶瓷涂层制备和性能研究"（52179122）以及武汉市科技局武汉市知识创新专项"耐广谱溶剂膜材料开发及其高效处理新兴污染物废液关键技术研究"（CKSD2022360/CL）的资助。

长江科学院的金鑫诚和笔者的硕士研究生孙振汉完成了大部分图片和表格的制作工作，牛闯、任忠正、王志勇参与了部分图表的制作，陈丽飞对本书参考文献、文字部分进行了认真校核。在此，对他们的辛勤工作表示衷心的感谢。

本书的出版是集体智慧的结晶，凝聚了众多学者的心血与努力。期待本书的出版能够为膜科学领域的学术交流与技术进步作出贡献，并为相关专业的学生与研究人员提供有价值的参考与指导。

本书可以作为从事膜研究的科研人员的参考用书，也可作为高等院校相关专业研究生和高年级本科生教材。鉴于膜技术发展迅速、覆盖领域广泛，书中疏漏或不妥之处在所难免，敬请广大读者不吝赐教，提出宝贵意见。

李培

于北京化工大学

目录

第9章　渗透汽化膜技术

第 1 章
绪　论

1.1　什么是分离膜

1748 年，法国学者 Jean-Antoine Nollet 观察到水能透过猪膀胱进入酒精溶液，发现了渗透现象。这一发现让人们认识到，液体能够穿过看似密不可分的介质（膜），实现物质的传递。随后，1854 年，英国科学家托马斯·格雷姆（Thomas Graham）发明了渗析法（Dialysis），利用牛膀胱作为膜，成功分离了晶体与胶体，开创了膜的选择性透过功能的应用先河。自此，科学家们开始深入探索膜技术在分离和纯化领域的潜力。

膜被定义为两相之间的一种选择性屏障薄层材料，其功能是筛选和分离物质。然而，并非所有具有筛选效果的介质都归属于膜分离科学的研究范畴。例如，滤布、滤纸、筛子和滤网等，并不被视作分离膜。根据膜表面孔径的大小，膜可分为不同类型：微滤膜（孔径 $0.1 \sim 5\mu m$）、超滤膜（孔径 $2 \sim 100nm$）、纳滤膜（孔径 $0.4 \sim 2nm$）和反渗透膜（孔径小于 $0.4nm$）。由于人眼能够分辨的最小孔径大约为 $100\mu m$，因此，我们研究的分离膜在不借助显微镜的情况下，通常被看作是"致密无孔"的。

1.2　膜与社会需求的关系

膜科学作为一门与社会需求紧密相连的应用科学，其发展速度往往与时代的需求同步。20 世纪初，洛布（Loeb）和索里拉金（Sourirajan）的发明——非溶剂相转化法成为膜技术发展的重要里程碑。这一创新的非对称性膜制备方法，以其优异的重复性和可扩展性，为微滤、超滤、纳滤、反渗透、气体分离和渗透汽化等膜技术的工业化应用奠定了坚实的基础。而推动这一技术革新的核心动力，是社会对于低成本海水淡化方法的迫切需求。

在海水淡化技术的发展历程中，第一代技术为蒸馏法，它通过加热海水至沸腾，然后冷凝水蒸气来获得淡水。然而，由于水的汽化潜热极高，蒸馏法在大规模应用上受到限制，仅适用于小规模场景，如船上制水。20 世纪 50 年代后期，随着多级闪蒸和多效蒸发技术的发展，蒸发法的能耗大幅降低，使得大规模海水淡化设备得以实现。此后，高压驱动的反渗透技术被开发并成功应用，由于不需相变过程，其生产每吨淡水的理论能耗仅为 2.1 度电，远低于传统方法。随着技术与材料工艺的持续进步，反渗透膜的性能不断提升，水通量和截盐率显著提高，使得反渗透海水淡化技术在总产能中占据了七成的市场。如今，全球每天通过海水淡化技术生产的淡水量已达到约 5000 万吨，有效缓解了缺水地区的淡水资源短缺问题，为全球水资源的可持续利用做出了重要贡献。

在 20 世纪 70 年代的能源危机中迎来了膜分离技术发展的第二个高潮。1973 年 10 月，第四次中东战争爆发，导致石油价格飙升，全球范围内对石油能源替代品的需求高涨。其中，生物质能源因其可再生性而受到广泛关注。同时，渗透汽化技术以其较低能耗分离乙醇/水共沸体系的能力，成为研究的热点。进入 21 世纪，水资源短缺、环境污染、石油危机和全球变暖等问题进一步催生了对清洁和可再生能源的需求，推动了渗透汽化、水处理膜、气体分离和膜蒸馏技术的快速发展。新冠疫情更是促使我国加大了对人工肺膜等与医疗健康相关膜技术的研发力度。

人类社会目前面临的焦点问题可以归纳为四大类：水资源短缺和水环境污染、能源危机、气候变化与全球变暖以及卫生医疗健康问题。膜分离技术在解决这些问题方面发挥着重要作用，如表 1-1 所示，它为水资源保护、能源转型、环境治理和医疗健康等领域提供了有效的解决方案。

通过膜分离技术的创新与应用，有望在应对全球性挑战的同时，推动社会经济的可持续发展，为建设一个更加清洁、健康、和谐的未来贡献力量。

表 1-1　解决世界性问题需要的膜分离技术[1]

世界性问题	膜分离技术解决方案
水资源短缺和水环境污染	(1) 微滤、超滤、纳滤、膜生物反应器用于污水处理和回收 (2) 反渗透、膜蒸馏、正渗透、渗透汽化用于脱盐
能源危机	(1) 离子交换膜用于燃料电池 (2) 聚丙烯、聚乙烯微滤膜用于锂离子电池 (3) 气体分离膜用于天然气/沼气提纯，氢气回收和提纯 (4) 渗透汽化膜用于生物质能源、燃料乙醇的提纯
气候变化与全球变暖	(1) 气体分离膜用于分离和捕获烟道气中的二氧化碳 (2) 膜反应器用于转化二氧化碳为有用的资源

续表

世界性问题	膜分离技术解决方案
卫生医疗健康	(1)人工肾、人工皮肤、人工肺 (2)药物缓释 (3)蛋白质的分离和纯化 (4)手性药物分离 (5)药品分离

1.3　能源和水资源的关系

水资源和能源短缺问题在当今世界尤为紧迫，并且两者之间存在着不可分割的联系。如图 1-1 所示，能源生产过程需要消耗大量的水资源，而水资源的净化过程同样需要消耗大量的能量。据通用电气水处理集团（GE Water，后于 2017 年被苏伊士环境集团 Suez Environnement 收购）预测，到 2030 年，全球电能需求将比 2008 年增长两倍，而水资源消耗量将增长三倍。这一趋势凸显了水资源和能源消耗的同步增长。

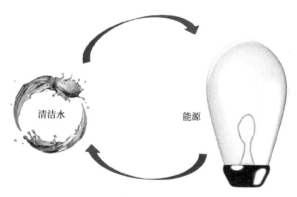

图 1-1　水与能源的紧密联系

能源生产过程中的水资源消耗是巨大的。以火电厂为例，锅炉在运行过程中产生高压蒸汽，推动发电机发电。为了快速冷凝蒸汽，需要的冷却水量是蒸汽量的 50～60 倍。由于冷却过程中的大量蒸发，我国每生产 1 度电大约需要消耗 0.4～0.6kg 水，而美国每天需要消耗 5000 万吨水用于冷却。在石油开采过程中，注水法是常用的方法，如我国大庆油田的产出物含水量高达 90% 以上，全球平均生产 1t 石油需要用水 15t。此外，洗选 1t 煤需要 2.5～4.5t 水，即便考虑到循环水的使用，仍需补充 0.1～0.3t 水。非常规天然气和页岩气的开采同样需要大量的水资源，页岩气的平均单井用水量在 1.9 万吨左右。值得注意的是，70% 的矿业资源分布在水资源匮乏的地区，这些地区的采矿活动进一步加剧了水资源短缺的问题。此外，化石能源的开采和电能的获取都离不开清洁的水资源。近年来，为了缓解化石能源短缺和全球变暖问题，大量的生物质资源被用于生产生物柴油、沼气和乙醇。然而，生物质的生产过程同样需要消耗大量的水资源。以我国为例，农业用水占到了全部用水量的 70%。如果用谷物生产生物燃料，相当于间接消耗了大量水资源。每生产相当于 1L 汽油热值的生物燃料，需要消耗 12～32t 水。

因此，在利用生物质资源解决能源问题的同时，我们必须高度重视水资源的高效利用，提高水资源的循环利用率。这一需求进一步推动了对低成本、高效率水处理技术的研究和开发。

1.4　膜分离技术在能源和水处理中的应用

1.4.1　能源生产中的膜分离技术

（1）天然气分离膜

随着温室效应的加剧和化石能源的日渐枯竭，人类社会正逐步转向低碳排放和可再生能源的使用，核能等清洁能源因其低排放特性而备受关注。在这一转型过程中，天然气作为一种过渡能源，其节能减碳的效果脱颖而出。据 2010 年数据显示，天然气储量足以为能源结构的平稳过渡提供保障。天然气的主要成分是甲烷（CH_4），在燃烧过程中几乎不产生二氧化硫、氮氧化物和粉尘等污染物。相较于煤炭，天然气在产生同等能量时的二氧化碳排放量仅为其 60% 左右，显示出其在减少温室气体排放方面的潜力。因此，天然气在能源消耗中所占的比重有望持续增加。

英国石油公司（BP）预测，在接下来的 20 年里，全球天然气的年均消费增长率将达到 2.1%，而石油的增速仅为 0.7%。目前，全球能源消费结构中，石油、煤和天然气分别占 33.1%、30.3% 和 23.7%。在我国，天然气的消费量仅占总体能源的4%，与全球平均水平相比仍有较大提升空间。为了推动低碳能源转型，2020 年 12月，我国提出，到 2030 年中国单位国内生产总值二氧化碳排放将比 2005 年下降 65%以上，非化石能源占一次能源消费比重将达到 25%，其中天然气占比预计达到15%。[3-5]。这一目标的实现，不仅有助于优化我国的能源消费结构，减少温室气体排放，还将为我国经济社会的可持续发展提供有力支撑。在这一过程中，积极推广天然气等清洁能源的使用，能有效加强能源基础设施建设、提高能源利用效率。

我国拥有丰富的天然气资源，包括页岩气、煤层气、油砂岩气等，同时还拥有大量的海上天然气资源、可燃冰和生物沼气。这些资源的开发利用对我国的能源安全和经济发展具有重要意义。然而，在天然气的开发和利用过程中，需要特别注意其中的杂质，如 CO_2、H_2S、H_2O 等。这些杂质不仅会降低天然气的热值，还可能腐蚀输送管道或导致管道堵塞。因此，天然气在进入市场前需要经过严格的净化和脱水处理，以确保其纯度达到 $CH_4 > 95\%$、$CO_2 < 2\%$、$H_2S < 4 \times 10^{-6}$ 的要求。随着高纯度、易开采的天然气资源开发殆尽，人类将逐步开发甲烷纯度较低或开采难度较大的天然气资源（如海上天然气）。因此迫切需要开发占地面积小并且能够处理低质量天然气的净化技术[6-8]。

此外，天然气不仅是一种重要的能源，而且是一种重要的化工原料。目前，全球 84% 的合成氨、90.8% 的甲醇、39% 的乙烯和丙烯及其衍生产品都是以天然气和天然气凝析液为原料生产的。此外，二甲醚、醋酸、合成油、芳烃、烯烃等高附加值的化工产品也可以通过 CH_4 或 CH_4 合成气来制备。在这些化工产品的生产过程中，会产生大量富含 CH_4、CO、H_2 等的尾气。为了提高资源的利用效率，减少环境污染，需要开发一系列分离工艺，如从 CH_4 制甲醇的放空气（H_2/CO）中回收 H_2，从合成氨弛放气中回收 H_2，以及从甲烷芳构化的尾气（H_2/CH_4）中回收 H_2 和 CH_4[9-11]。

在工业领域，天然气的净化工艺主要依赖于胺法脱硫脱碳和甘醇脱水技术。然而，这些传统方法存在一些局限性。例如，为了去除大量的 CO_2，需要构建庞大的吸附设施，这不仅增加了设备投资和征地成本，而且吸附剂的再生和设备的腐蚀问题也导致了高昂的运行和维护费用。相比之下，膜分离技术以其工艺简单、能耗低、效率高、污染少、占地面积小等优势，在天然气净化领域展现出巨大的潜力。膜分离法在提纯天然气的过程中具有以下几个显著优势：

① 选择性分离。CO_2、H_2S 和水蒸气在膜中的渗透率远高于 CH_4，这意味着可以使用同一种膜组件来分离这三种杂质。

② 高采出压力下的高效处理。在天然气的高采出压力（超过 66 个大气压）下，这些杂质的透过量很大，从而可以在较小的膜面积下处理大量的天然气。

③ 保留高压力。由于 CH_4 被截留在膜的进料侧，经过净化的天然气依然保持高压力，这使得净化后的天然气可以直接进入输气管道，不需额外压缩。

④ 运行成本低。膜分离过程不需再生吸附剂，因此装置的运行费用不受天然气中 CO_2 含量的影响。

综合考虑，膜分离技术是净化天然气，尤其是低质量天然气的最佳选择。对于海上天然气钻井平台这样空间受限的环境，膜分离技术因其设备尺寸小、结构简单而成为更为适宜的解决方案。

目前市场上主要采用的两种天然气分离膜分别是醋酸纤维素膜和聚酰亚胺膜。如图 1-2 所示，这两种膜对应的工艺流程能够有效地将粗天然气中的 CO_2 含量从

10%降至2%，满足管道输送的要求[12-14]。这表明膜分离技术在天然气净化领域具有广阔的应用前景，并有望在未来的能源开发和环境保护中发挥重要作用。

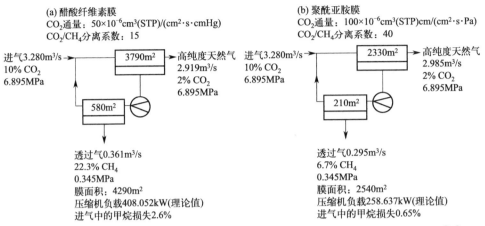

图1-2　醋酸纤维素膜（a）和聚酰亚胺膜（b）用于天然气脱除CO_2的工艺流程图[15]

（2）氢气分离膜

氢气是最重要的工业气体之一，被广泛应用于食品工业（人造黄油、食用油等）、金属冶炼、石化（催化加氢、润滑油、合成氨）、燃料及燃料电池等领域。目前，氢气主要通过蒸汽重整方法，由天然气（占全部氢气产能的45%～50%）或碳氢化合物制备。其反应方程式如式(1-1)～式(1-3)所示。

碳氢化合物的蒸汽重整：

$$C_nH_n + nH_2O \longrightarrow nCO + 1.5nH_2 \tag{1-1}$$

蒸汽甲烷转化（SMR）：

$$CH_4 + H_2O \Longleftrightarrow CO + 3H_2 \tag{1-2}$$

水煤气反应（WGS）：

$$CO + H_2O \Longleftrightarrow CO_2 + H_2 \tag{1-3}$$

离开重整器的气体组成：H_2 [2.89Å，T_c（临界温度）$=33K$]，CO_2（3.3Å，$T_c = 304.2K$），CO（3.76Å，$T_c = 133K$）。目前主要采用变压吸附方法（pressure swing adsorption，PSA）从中分离氢气[16]。

膜法分离氢气技术以其诸多优势在工业应用中备受青睐，这些优势包括较低的设备成本，简单且经济的操作方式，以及能够灵活适应不同处理规模的模块化设计。然而，这一技术也面临一些挑战：高纯度氢气位于膜的透过侧，这要求在加压条件下使用，增加了操作的复杂性。将氢气分离膜技术应用于蒸汽重整过程的膜反应器中，可以有效地推动可逆反应向生成氢气的一侧进行，从而提升氢气的产量。这一策略利用了膜分离技术不断移除氢气的特性，以促进反应平衡的正向移动。然而，蒸汽重整反应通常在较高温度（600～800℃）下进行，这超出了聚合物分离膜的工作温度范围。因此，无机膜或金属膜成为更合适的选择，它们能够承受更高的操作温度。尽管如此，这两种膜材料的成本相对较高，这在一定程度上限制了它们在工业规模应用中的普及。

面对天然气化工过程中产生的尾气富含 H_2 和未反应的 CH_4 的挑战（图 1-3），行业通常采用变压吸附（PSA）[18]、深冷精馏和膜分离技术来实现这两种气体的有效分离。深冷精馏和变压吸附技术能够提供高达 99.9% 纯度的 H_2，而膜分离技术则能产生 90%～98% 纯度的 H_2。深冷精馏法在大规模设备投入的情况下，经济性较为显著，但它要求原料气中的高溶解性气体如 CO_2 和 H_2O 必须通过预处理降至极低水平，即 1×10^{-6} 和 100×10^{-6} 以下。而变压吸附技术，尽管通过减压或吹扫气的方式能够再生吸附剂，但这种方法的 H_2 回收率相对较低，大约为 65%。此外，该技术涉及大量电磁阀门的使用，频繁的动作增加了设备的维护难度。最新的研究进展表明，将膜分离技术与变压吸附技术相结合，可以显著降低生产高纯度 H_2 的成本。这种集成方法不仅提高了分离效率，还有助于优化整体的经济效益，为天然气化工尾气处理提供了一个更为经济和高效的解决方案。

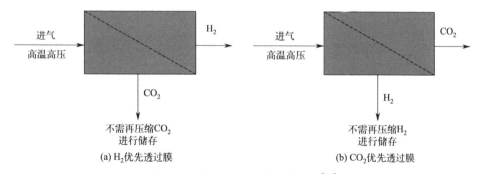

图 1-3　两种 CO_2/H_2 分离膜过程[17]

（3）二氧化碳分离膜

全球变暖是当前人类面临的重要环境挑战，其中二氧化碳（CO_2）是主要的温室气体之一。作为全球最大的碳排放国之一，我国对控制碳排放问题给予了高度重视。中共中央和国务院已经明确提出，到 2025 年，绿色低碳循环发展的经济体系将初步形成，重点行业的能源利用效率将显著提升。具体目标包括单位国内生产总值能耗比 2020 年降低 13.5%，单位国内生产总值 CO_2 排放比 2020 年降低 18%，为实现碳达峰和碳中和目标奠定坚实基础。展望 2030 年，我国经济社会发展将全面实现绿色转型，重点耗能行业的能源利用效率达到国际先进水平，单位国内生产总值能耗和 CO_2 排放量将大幅下降，CO_2 排放量达到峰值后稳中有降。到了 2060 年，绿色低碳循环发展的经济体系和清洁低碳安全高效的能源体系将全面建立，能源利用效率达到国际先进水平，碳中和目标顺利实现，生态文明建设取得显著成果，开启人与自然和谐共生的新篇章。

燃煤电厂作为重点耗能行业，具有 CO_2 排放量大且集中的特点，因此，捕获并回收燃煤电厂产生的 CO_2 是减少碳排放的有效途径之一[19]。如图 1-4 所示，展示了 CO_2 的回收、储存以及燃煤电厂后燃烧（post-combustion）捕获 CO_2 的流程。

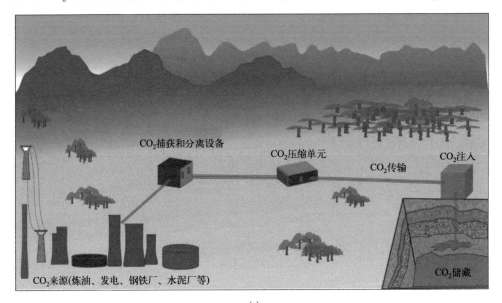

(a)

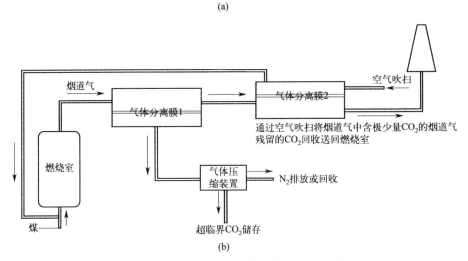

(b)

图 1-4 （a）捕获并储存燃煤电厂排放的 CO_2 的流程图；

（b）后燃烧过程捕获 CO_2 的膜分离方法框形示意图

当前，捕获燃煤电厂排放 CO_2 的方法主要有三种，分别是：吸附方法、膜分离方法和深冷分离方法（cryogenic separation）。深冷分离方法由于能耗过大，很难推广到捕获大量 CO_2 的应用中。目前工业界广泛采用有机胺吸附进行碳捕集，由于吸附平衡的限制，如要处理大量的 CO_2，需要建设大型的吸附设备，CO_2 脱附过程需要消耗大量的能量，因此设备投资、运行成本与征地成本将十分巨大。此外，因需要再生吸附剂，且要考虑碱性吸附剂对设备的腐蚀问题，操作以及维护成本也会很高。与以上两种方法相比，膜分离方法有其内在的优势，如低能耗、设备占地面积小、高效率、无污染、很容易集成到其他的工程工艺中。因此，捕获烟道气中 CO_2 最适合的方法是膜分离方法。

（4）生物质能生产中的膜技术

生物质能源，源自植物、藻类等可再生资源的转化，是一类具有巨大潜力的能源形式。据估计，地球每年产生的生物质资源所蕴含的能量高达 3000 亿焦耳，这一数字是全球年能源消耗量的五倍[20]。这意味着，如果能够有效利用这一资源，将极大地缓解当前面临的能源短缺和环境污染问题。生物质能源的研究起步于 20 世纪 70 年代的石油危机时期。自那时起，美国、巴西、德国、加拿大等国家就开始积极探索利用生物质原料制备乙醇、丁醇、甲烷、氢气等。如图 1-5 所示，第一代生物燃料主要采用玉米、甘蔗等粮食作物作为原料，通过微生物发酵和精馏过程生产生物乙醇[21]。这一技术已在美国、巴西等农业发达国家实现了工业化应用。

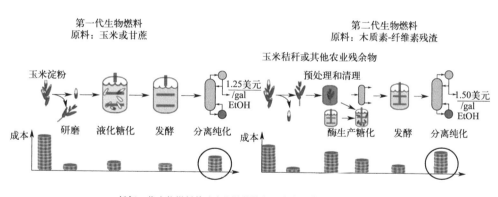

任何一代生物燃料的分离和纯化阶段至少占工艺成本的40%(高达80%)

图 1-5　生物燃料生产中的能源消耗比例[22]

注：1gal=3.785412L

然而，第一代生物燃料的生产存在一些局限性。它不仅不适用于粮食短缺的地区，还可能导致食品价格的波动。为了解决这些问题，第二代生物燃料应运而生。这一代生物燃料选择的原料是价格低廉且不影响食品供应的秸秆、农林作物残渣等。尽管第二代生物燃料在原料选择上具有优势，但由于木质素的降解难度大，转化技术仍面临着能源转化率低和成本高的问题。

在生物燃料的生产过程中，分离和提纯过程的能耗占到整体转化过程能耗的40%～80%。开发低能耗的分离技术是降低生物燃料转化成本的关键。传统的精馏方法只能将乙醇浓缩至95%，继续提高乙醇的纯度则需要用到较为耗能的共沸精馏技术。如图1-6所示，如果将精馏塔和渗透汽化膜耦合，则可以在较低的能耗下得到无水乙醇。渗透汽化技术还可以用于其他有机溶剂脱水，如：丙酮、乙酸、乙二醇、异丙醇、1-丁醇、2-丁醇、叔丁醇、苯酚、苯、异辛烷、四氟丙醇等。

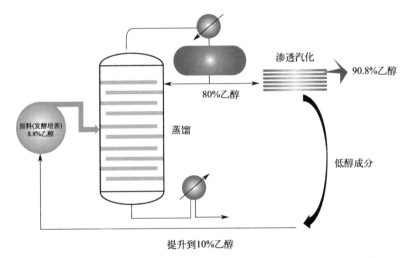

图1-6　精馏和渗透汽化耦合制备高纯乙醇（图中百分数为质量分数）

1.4.2　脱盐和水处理中的膜技术

能源价格的上升间接推动了低能耗、高效率的脱盐技术的发展。如图1-7所示，1970～1980年之间石油价格的剧烈提升，推动了第一代反渗透膜技术（醋酸纤维素膜）的发展。图1-8中显示，1965年后，热法脱盐和反渗透膜脱盐单日产水量均逐渐上升，且反渗透膜脱盐单日产水量的增长速度快于热法脱盐技术的单日产水量。由此可知，第二代反渗透膜（基于界面聚合法的反渗透复合膜）的发展使膜法脱盐的能耗和产水质量均优于热法脱盐技术（多级闪蒸、多效蒸发）。因此自1980年后，反渗透脱盐技术在脱盐市场上占据了越来越高的份额。目前，世界上2/3的海水淡化是通过反渗透法制备的。

图 1-7　1869～2011 年间的国际原油价格曲线[23]

1—美国初次采购（进口）；2—世界价格；3—美国均价；4—世界均价；5—美国 & 世界价格中值

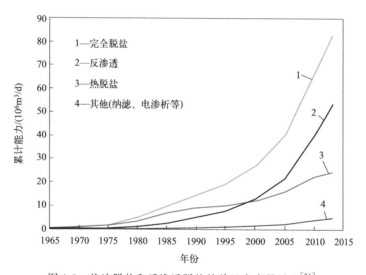

图 1-8　热法脱盐和反渗透脱盐的单日产水量对比[24]

1.5　小结

本章引入了分离膜概念，介绍了膜与社会需求的关系。膜分离技术作为近十几年迅速崛起的高新技术，在不断的技术革新与设备升级中，已经在众多行业中发挥着举足轻重的作用。随着相关设备与技术的日益成熟，膜分离技术不仅在水处理和能源领域取得了显著成就，而且在其他多个领域彰显了其独特的价值。

在能源领域，膜分离技术被广泛应用于气体分离和氢气提纯等关键环节，为清洁能源的生产与应用提供了坚实的技术支撑。而在水处理领域，膜分离技术则以其卓越的高效性和节能性，成为实现海水淡化、污水处理及饮用水净化的关键技术手段。

鉴于本书的篇幅限制，我们将集中介绍几种在实践中应用最为广泛的膜分离技术。这些技术不仅涵盖了其工作原理、技术特性、应用范围，而且包括了它们的发展趋势等关键信息。此外，在本书中，我们还将对一些新兴的膜分离技术进行简要介绍，并对其未来发展前景进行展望，旨在为读者构建一个全面而深入的膜技术与膜制备知识体系。通过本书的阅读，读者将能够对膜分离技术有一个系统的认识，进而在实际应用中发挥作用。

参考文献

[1] Baker R W. Future directions of membrane gas separation technology. Ind Eng Chem Res, 2002, 41: 1393-1411.

[2] 华贲. 低碳时代的世界和中国能源结构. 世界石油工业, 2010, 17 (2): 16-21.

[3] 李政. "美丽中国"建设中的低碳经济与非常规能源开发利用. 学术交流, 2013, 233 (8): 83-87.

[4] 华贲. 低碳时代石油化工产业资源与能源走势. 化工学报, 2013, 64 (1): 76-83.

[5] 范世涛, 赵峥, 周键聪. 世界能源格局: 四大趋势. 经济研究参考, 2013, 2: 18-45.

[6] 钱伯章, 朱建芳. 世界非常规天然气资源和利用进展. 天然气与石油, 2007, 25 (2): 28-35.

[7] 戴金星, 倪云燕, 周庆华, 等, 中国天然气地质与地球化学研究对天然气工业的重要意义. 石油勘探与开发, 2008, 35 (5): 513-531.

[8] 罗东晓. 利用沼气生产城镇燃气的工艺及技术方案. 天然气工业, 2011, 31 (5): 1-4.

[9] 陈健, 王啸, 郑珩. 工业副产气资源化利用. 北京: 化学工业出版社, 2024: 252.

[10] 王智明, 曲海乐, 昔志军. 中国可燃冰开发现状及应用前景. 节能, 2005, 334 (5): 4-7.

[11] 岑兆海. 膜分离处理非常规天然气的应用前景. 石油与天然气化工, 2012, 41 (4): 370-373.

[12] Bhide B D, Stern S A. Membrane processes for the removal of acid gases from natural gas Ⅰ Process configurations and optimization of operating conditions. J Membr Sci, 1993, 81: 209-237.

[13] Bhide B D, Stern S A. Membrane processes for the removal of acid gases from natural gas Ⅱ Effects of operating conditions, economic parameters, and membrane properties. J Membr Sci, 1993, 81: 239-252.

[14] Figueroa J D, Fout T, Plasynski S, et al. Srivastava, Advances in CO_2 capture technology-the US department of energy's carbon sequestration program. Int J Greenhouse Gas Con, 2008, 2: 9-20.

[15] Baker R W. Membrane technology and applications. 2nd addition. John Wiley & Sons Ltd, 2004.

[16]　Perry J D，Nagai K，Koros W J. Polymer membranes for hydrogen separations. Mrs Bulletin，2006，31：745-749.

[17]　Voldsund M，Jordal K，Anantharaman R. Hydrogen production with CO_2 capture. Int J Hydro Energy，2016，41：4969-4992.

[18]　Liemberger W，Groß M，Miltner M，et al. Experimental analysis of membrane and pressure swing adsorption，(PSA) for the hydrogen separation from natural gas. J Clean Prod，2017，167：896-907.

[19]　Merkel T C，Lin H，Wei X，et al. Power plant post-combustion carbon dioxide capture：An opportunity for membranes. J Membr Sci，2010，359：126-139.

[20]　夏昪，陈蓉，付乾，等 . 可再生合成燃料研究进展 . 科学通报，2020，65：1814-1823.

[21]　Zhao Q，Leonhardt E，MacConnell C，et al. Purification technologies for biogas generated by anaerobic digestion. Chapter 9 of CSANR Research Report，2010，1：1-24.

[22]　Ragauskas A J，Williams C K，Davison B H，et al. The path forward for biofuels and biomaterials. Science，2006，311：484.

[23]　Veldhuizen R V，Sonnemans J. Competition and resource scarcity on a nonrenewable resource market：An experiment. 2010.

[24]　Loreen V，Tabatabai A，Assiyeh S，et al. Algal blooms：An emerging threat to seawater reverse osmosis desalination. Desalin Water Treat，2014，1-11.

第2章
水处理膜概述

2.1 引言

随着经济的发展，越来越多的人口向城市集中（图 2-1），加剧了地区性水资源短缺。目前全球大约 20 亿人口面临清洁水资源供应不足的威胁，这一现状促进了废水回用以及海水淡化技术的快速发展。

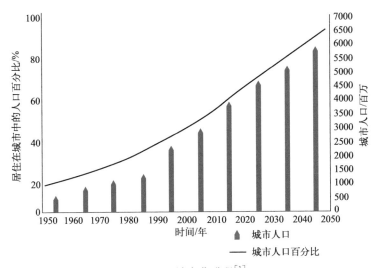

图 2-1　城市化进程[1]

地球表面的 3/4 被水覆盖，水的总体积约为 14 亿立方千米。如图 2-2 所示，全部水资源中仅有 3% 是淡水。冰帽和冰川占全部淡水资源的 68.7%，30.1% 是地下水。地表水中，2% 为河流，11% 为沼泽，87% 为湖泊[1]。淡水是指含盐量小于 0.5g/L 的水，包括以冰原、冰帽、冰川、沼泽、池塘、湖泊、河流形式存在的地表水和以地下含水层、地下河形式存在的地下水。地表水指河流、湖泊、湿地中赋存的水。地下水通常存在于多孔的土壤或岩石材料中，类似于海绵中吸附的水。

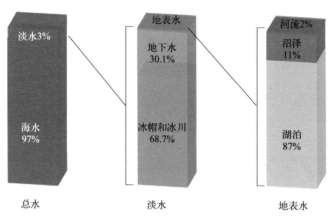

图 2-2　水资源的柱形比例图

如图 2-3 所示，地下水资源主要分布在两个关键区域：不饱和蓄水层与饱和蓄水层。不饱和蓄水层中，岩石的孔隙或裂缝尚未被水完全填充，因而含有大量空气。由于空气与水之间的表面张力作用，该层中的水分难以通过井抽取。相较之下，饱和蓄水层中的岩石缝隙则完全被水填充，形成了我们通常所说的地下水。饱和蓄水层的上界，即地下水位，是判断地下水可利用性的重要标志。当水井末端低于地下水位时，水压作用下，缝隙中的水会被自然推入井中，便于抽取。地下水作为地球水资源的重要组成部分，其主要来源于降水和地表水的渗透，对人类社会的生存和发展具有不可替代的价值。全球约有 40% 的人口居住在城市，而这些城市多数建立在地下蓄水层之上，依赖抽取地下水来维持日常运作。然而，地下水资源的脆弱性不容忽视，一旦遭受过度开采或污染，可能导致严重的、甚至是不可逆的损害。城市化进程中，地表被建筑物或硬化地面覆盖，阻碍了雨水的土壤渗透。为了防止洪涝，城市建立了众多排水系统，将雨水直接排入河流，导致地下蓄水层难以得到有效补给。地下蓄水层作为储水的容器，也是水流动的通道，一旦地下水遭受污染，其流动可能进一步影响附近河流的水质。

鉴于清洁水资源短缺问题的紧迫性，解决途径可从"开源"与"节流"两方面着手。开源意味着开发新的水资源以作补充，例如通过海水淡化技术；而节流则侧重于节约用水及提升废水的回收利用率。在实现开源与节流目标的过程中，膜技术扮演着至关重要的角色，它是海水淡化和废水回用的核心技术。因此，本章将深入介绍水处理膜技术，探讨其工作原理、技术特点及其在水资源管理中的应用前景。

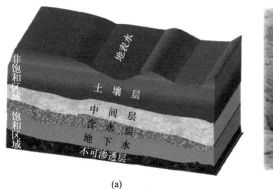 

(a)   (b)

图 2-3　（a）地下水的层间分布；（b）掘取地下水

2.2　水处理技术的发展历史简介

自古以来，人类就一直在探索净化水源的方法。早在公元前 2000 年，古希腊和古印度的文献中就记载了利用砂子过滤并煮沸的工艺来净化水。到了公元前 1500 年，古埃及人发明了絮凝沉淀法，通过向水中加入明矾（十二水合硫酸铝钾）使水中的悬浮固体沉淀，这一创新对水处理技术的发展具有重要意义。公元 300 年，罗马人在城市水供应系统的建设上迈出了重要一步，建成了世界上第一个大型高架渠系统。公元 500～1500 年的中世纪时期，随着西罗马帝国的衰落，城市规模缩小，供水系统也随之变成了小规模。进入 19 世纪，水处理技术取得了显著进步。1804 年，Robert Thom 在英国建立了第一座真正意义上的城市用水净化厂，采用慢速砂滤的方法来净化水源。最初，水是通过马车运送的，三年后，世界上第一条输水管道铺设完成，极大地提高了供水效率。1854 年，John Snow 的重大发现将水处理技术与公共卫生紧密联系在一起，他发现被管道污染的饮用水可以传播霍乱。此后，Lous Pasteur 在 1864 年提出了疾病微生物理论，进一步明确了传染病与微生物之间的关系。1890 年，George Fuller 的研究成果为水处理技术带来了又一次革新，他发现通过结合絮凝沉淀和快速砂滤的方法可以有效去除水中的致命微生物。美国的一些水厂开始采用这一工艺来提高饮用水的安全性。1900 年，英国、美国以及其他一些国家开始采用氯水对饮用水进行杀菌处理，这一工艺至今仍被广泛使用。表 2-1 展示了当前一些国家、地区和世卫组织对饮用水水质的要求，反映了水处理技术规范的国际化和标准化。

表 2-1　世界饮用水标准

参数		世界卫生组织	美国	欧洲	伊朗	中国
pH 值		6.9~7.2	6.0~8.5	6.5~9.0	7.12~7.92	6.5~8.5
TDS/(mg/L)		500~1500	500	500	1500	1000
EC/(μmhos/cm)		300	300	400	300	—
浓度/(mg/L)	SO_4^{2-}	200~500	250	—	250	250
	NO_3^-	40~50	—	—	50	10
	Cl^-	200~600	250	250	250	250
	Ca^{2+}	75~200	100	100	300	—
	Mg^{2+}	30~150	30	—	30	—
	Na^+	50~60	—	—	200	200
	K^+	20	—	—	20	—

注：TDS 为溶解性固体，EC 为电导率。1μmhos/cm＝0.0001S/m。

2.3　当前的净水技术以及水处理膜技术

2.3.1　地下水处理工艺

地下水是城市用水、工业用水以及农业用水的主要来源。但是，地下水中存在铁、锰、H_2S、CO_2、CH_4 等有害物质需要去除。地下水中的铁离子含量一般不超过 10mg/L，以 Fe^{2+}、Fe^{3+} 的形式存在。锰离子的含量一般不超过 2mg/L，以 Mn^{2+} 的形式存在。水中的 Fe^{2+} 很容易被氧化为 Fe^{3+}，然后通过絮凝沉淀从水中分离出来。常用的氧化剂有氧气、氯气、高锰酸钾等。第一种称为空气氧化法，后两种称为药剂氧化法。如图 2-4 所示，这种处理方法具有流程简单、经济高效的优点。地下水在曝气过程中，发生如下反应。

$$4Fe^{2+}+O_2+10H_2O\Longrightarrow4Fe(OH)_3\downarrow+8H^+$$

Fe^{2+} 被氧化成 Fe^{3+}，以 $Fe(OH)_3$ 的形式从水中沉淀，经过滤分离。锰的化学性质较为稳定，必须在催化剂的作用下被氧化。其化学反应如下所示，Mn^{2+} 被水中的溶解氧氧化为二氧化锰后，通过过滤被除去。

$$2Mn^{2+}+O_2+2H_2O\Longrightarrow2MnO_2\downarrow+4H^+$$

接触氧化法工艺包括曝气和过滤两个步骤。曝气既可以向水中输送溶解氧，加强对 Fe^{2+} 和 Mn^{2+} 的氧化，又可以去除水中的 CO_2、H_2S 和 CH_4 等有害气体。常用的曝气装置包括射流曝气、曝气塔曝气、莲蓬头曝气、跌水曝气等装置，如图 2-5 所示。曝气过程能耗较高，是接触氧化法的主要耗能步骤。砂滤可以通过物理方法截留去除水中的固体悬浮物和胶体颗粒，通常以天然石英砂、锰砂或无烟煤作为过滤材料。砂滤分为重力式和压力式两种，砂粒粒径在 0.5~

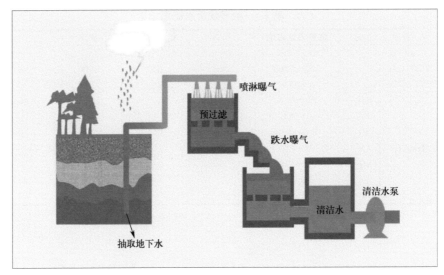

图 2-4　接触氧化法处理地下水的流程图

1.2mm 范围内，可用于经澄清（沉淀）处理后的给水处理或污水经二级处理后的深度处理。

图 2-5　（a）曝气塔曝气装置；（b）射流曝气装置；（c）跌水曝气装置

2.3.2　过滤的基本概念

过滤是一种分离技术，它通过多孔介质在空气或流体中截留污染物[2]。如图 2-6 所示，过滤器主要通过筛分机理，例如使用滤布，在单一平面上实现分离功能，有效截留尺寸大于其孔径的污染物。

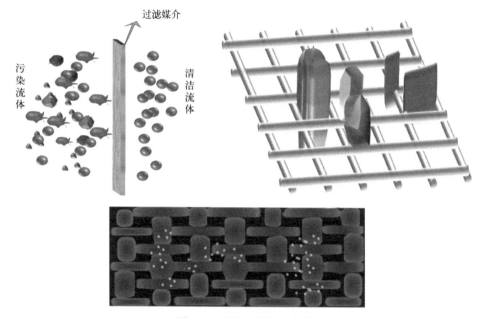

图 2-6　平面过滤器示意图

多孔分离膜根据孔结构的不同可分为两大类：筛分膜和深层过滤膜。图 2-7 展示了这两种膜的典型形态。筛分膜具有均匀且规则的圆柱形孔道，这为其提供了极高的分离精度。然而，由于其较低的表面孔隙率和较厚的膜体，筛分膜的传质通量相对较低，且无法截留小于孔径的污染物。相比之下，深层过滤膜，如微滤膜和超滤膜，通常是通过相转化方法（包括热引发或非溶剂诱导相分离）制备的。这类膜的横截面具有不对称和曲折的孔结构，这种结构赋予了深层过滤膜更为丰富的过滤机理。如图 2-8 所示，深层过滤膜不仅能截留大于膜孔径的颗粒，还能通过膜内部的曲折通道捕获小于孔径的颗粒[3]。深层过滤膜的曲折孔道为小于孔道尺寸的颗粒提供了捕获机会。与筛分膜相比，深层过滤膜更适合处理污染物含量较高的流体。这得益于深层过滤膜拥有更大的表面积，能够吸附更多的污染物颗粒。深层过滤膜在水处理和流体净化领域中发挥着重要作用，为提高处理效率和水质安全提供了有力保障。

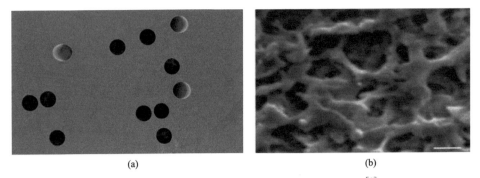

(a)   (b)

图 2-7　筛分膜（a）和深层过滤膜（b）的形貌对比[3]

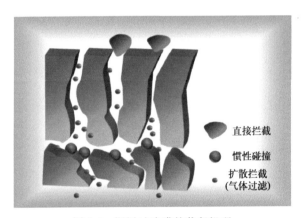

直接拦截

惯性碰撞

扩散拦截
（气体过滤）

图 2-8　深层过滤膜的截留机理

2.3.3　水处理膜技术的分类

　　水处理领域中，膜技术的应用日益广泛，主要包括反渗透（RO）、纳滤（NF）、微滤（MF）和超滤（UF）四种主要类型，各具过滤特性和适用场景[4,5]。反渗透膜以其极高的过滤精度著称，能够高效去除水中的溶解盐分、胶体、微生物及有机物等，广泛应用于海水淡化和工业纯水制备等过程。其优势在于操作简便、能耗低，且无相变过程。纳滤膜则位于反渗透膜和超滤膜之间，具有较小的孔径和电荷特性，能有效去除二价、三价离子以及分子量在 200～1000 之间的有机物、微生物和胶体。纳滤膜在水处理中展现了较高的脱盐性能和较低的运行成本，特别适用于低压力下的特定溶质脱除。微滤膜孔径较大，主要针对水中的悬浮物、颗粒和胶体等大分子物质的去除。其均一的膜孔径、高过滤精度和快的滤速使其成为预处理阶段的理想选择，为深度处理提供高质量的进水。超滤膜的孔径介于微滤膜和反渗透膜之间，能有效截留水中的大分子有机物、胶体和病毒等。由于操作压力低、设备投资相对较少，超滤技术在饮用水处理和工业废水处理中得到了广泛应用。这些膜技术各有所长，可根据不同的水质要求和处理目标灵活选择和组合，以达到最佳的处理效果。随着膜技术的持续进步，其在水处理领域的应用前景将更加广阔。新型膜分离技术，如膜蒸馏、渗透汽化和正渗透等，正逐渐成为研究的热点，预示着新一代水处理技术的发展方向。

在水处理技术中，膜生物反应器（membrane bioreactor，MBR）扮演着至关重要的角色[6]。该技术融合了生物处理与膜分离的优势，不仅能有效去除水中的有机物、重金属和微生物等污染物，还能通过膜分离技术实现水的高效回用，大幅提升水资源的利用效率。膜生物反应器通过结合微生物、酶或具有催化作用的细胞，促进化学反应或生物转化反应的快速进行，并通过膜将反应物与产物分离，实现产物的浓缩和反应效率的提升。这种技术在缓解水资源短缺和保护水环境方面发挥着重要作用。

2.4　膜生物反应器

2.4.1　膜生物反应器工艺

膜生物反应器技术最早应用于垃圾渗滤液的处理，后逐渐推广到其他工业废水的回收中，如：清洗、食品和饮料工业、化学工业、药品工业和纺织业等[6]。

传统的水处理工艺包括 3 个步骤：初级处理、二级处理和三级处理。如图 2-9 所示，生活污水首先经过格栅和沉砂池过滤掉大颗粒。这一步处理的目的是避免大颗粒物质破坏后续工艺中用到的水泵。污水随后流入到初沉池中。污水中的污染物经过生化处理降解为污泥从水中沉淀下来。上清液流入到二沉池中通过黏附生长或悬浮生长的生化过程可以去除 90% 的有机物质。在三级处理过程中，二沉池的上清液经过消毒处理（氯化、紫外线或臭氧杀菌）得到高质量的流出物排放到环境中。固体废物经过浓缩、消化、干燥后被处理。

如图 2-10 所示，与传统工艺对比，膜生物反应器技术将生物降解和膜分离结合起来。分离膜将活性污泥和生化处理过的水分离开。所有的悬浮颗粒、大分子有机物、细菌和病毒被膜阻隔并留在污水中。膜生物反应器通过提高生化处理池中有机物和活性催化剂的浓度，提高了生化处理效率，经过膜过滤的水质更优。由于膜生物反应器工艺中的活性细菌有更高的降解效率，水处理池的面积大为减少。与传统工艺对比，省略了初沉池和二沉池。从曝气池直接得到水质更优

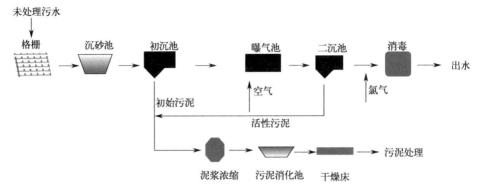

图 2-9　传统的水处理工艺流程图

的水，大大提高了曝气的效率，同时减少了活性污泥的产生。膜生物反应器工艺包括两个单元：①生化单元，用于生化降解废水中的混合物；②膜组件（微滤或超滤）单元，用于从生化处理的污水中分离水。膜生物反应器的优势在于减小装置尺寸、提高产水质量以及减少污泥量。

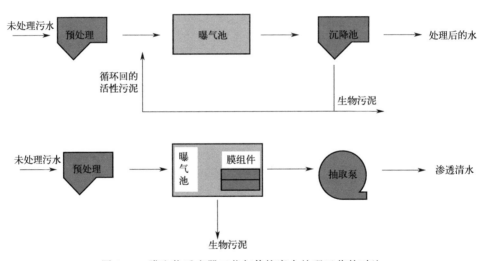

图 2-10　膜生物反应器工艺与传统废水处理工艺的对比

如图 2-11 所示，膜生物反应器工艺有两种形式：内置式和外置式。膜生物反应器技术通过将膜组件与生化反应池结合，实现了废水处理的高效性和紧凑性。内置式膜生物反应器技术将膜组件直接浸入生化反应池中，并在膜组件下方设置曝气设备，利用真空泵作用使原水通过膜过滤后流出。此技术由 Yamamoto 等于 1989 年提出，广泛应用于市政和家庭污水处理，以其工艺简单、能耗低（水泵能耗低）和较小的膜污染问题而在市场上占有重要地位。内置式膜生物反应器的经济性随着处理规模的增加而提高，过滤推动力一般通过真空泵维持在 0.5 个大气压，辅以膜下侧曝气产生的剪切力和湍流，有效减缓了膜外侧滤饼层的积累，降低了膜污染。尽管内置式膜生物反应器在膜清洗和运行稳定性方面存在挑战，但其低运行成本构成了与外置式相比的显著优势，目前主要采用中空纤维或板框式膜组件。

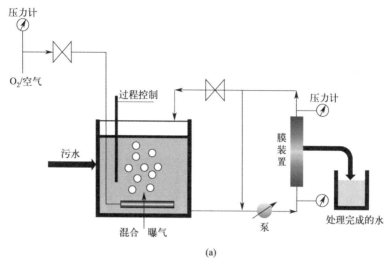

(a)

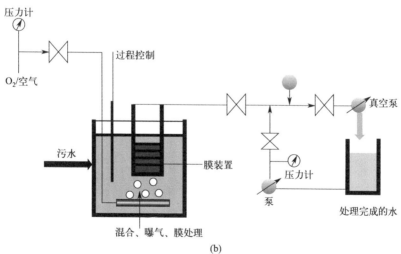

(b)

图 2-11　外置式(a) 和内置式(b) 膜生物反应器

外置式膜生物反应器则是由 Dorr Oliver 公司在 20 世纪 60 年代发明的，其工作原理是通过水泵将生化池中的原水输送至外侧膜组件，在高压作用下过滤原水，大分子和污泥等杂质被膜截留并回流至生化池。外置式膜生物反应器以其运行稳定、操作简便和易于维护的特点，在船用污水处理、垃圾渗滤液等高浓度工业废水处理中得到应用，通常使用管式膜。然而，由于循环泵的高流速导致能耗较大，外置式工艺在废水处理中的应用相对较少。

尽管膜生物反应器技术具有占地面积小、出水水质高和污泥产出少的优点，但也面临一些挑战。膜污染是一个较为严重的问题，需要通过能耗较高的控制措施来管理。此外，膜生物反应器技术在化学清洗时要求膜材料具备抗氧化和抗氯化性能。目前，膜生物反应器装置多适用于小到中等规模的处理，其放大应用存在难度，且膜生物反应器产生的生物污泥脱水处理也更为复杂。这些挑战需要通过不断的技术创新和优化来克服，以实现膜生物反应器技术在更广泛领域的应用。

2.4.2　膜生物反应器膜污染

如图 2-12 所示，膜生物反应器膜的表面污染物大致分为 4 类：①凝胶和悬浮颗粒；②有机物质；③无机盐（以 $CaSO_4$ 为主）；④生物污染（biofouling）[7]。其中，生物污染来源于细菌黏附膜表面。当料液含有营养物质时，黏附于膜表面的细菌快速繁殖，在几天到几周内融合（confluent）成一张生物膜。随着生物膜的生长，细菌合成并挤出胞外聚合物（extracellular polymeric substances，EPS），使生物污染层继续增长。污染会造成膜的产水率降低，影响膜的性能，提高膜的运行和维护费用，甚至降低膜的使用寿命。

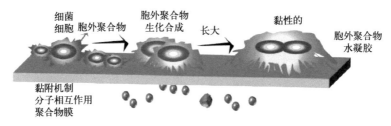

图 2-12　膜生物反应器膜的表面污染物来源

膜生物反应器膜污染受很多因素的影响，主要包括 4 类：

① 膜的表面孔径和形状；

② 膜的表面极性、疏水性和表面形貌；

③ 膜的孔隙率；

④ 膜组件的几何形状和尺寸。

同时，进料液影响污染的因素包含进料液本体组成、生化颗粒的尺寸和分布、pH、黏度和溶质亲疏水性。此外，操作条件也会造成影响，如：操作压力、流体动力学（错流速率、曝气速率、料液流速、脉冲频率、弛豫时间等）和膜清洗（物理清洗、化学清洗、清洗间隔）。

膜生物反应器膜的污染主要来源于三种不同的途径，如图 2-13（a）所示：

① 表面污染。由固体物质在膜表面沉积所致，可通过物理清洗方法予以清除。此外，通过增强紊流、改善膜材料的亲水性或调节其电荷性质（无论是正电荷还是负电荷），可以降低污染物在膜表面的黏附力。

② 内部污染。由可溶性物质穿透并吸附于膜孔内部引起，导致膜孔发生堵塞。与表面污染不同，内部污染无法仅通过物理清洗来逆转，通常需要化学清洗方法来解决。

③ 生物污染。由微生物（包括细菌、藻类或真菌）吸附于膜表面，并形成由聚多糖、蛋白质和氨基糖类组成的生物膜。如图 2-13（b）所示，丝状真菌的过度增殖可能导致胞外聚合物的浓度显著增加，这些聚合物进一步缠绕并固定膜表面的污染物[7]。

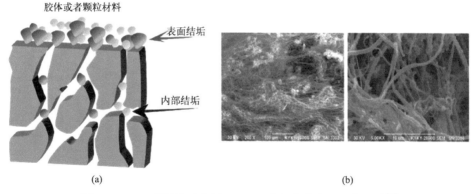

图 2-13　（a）膜污染示意图；（b）生物污染的表面电镜照片[7]

这些污染类型对膜生物反应器系统的长期稳定运行构成了挑战，因此，开发有效的预测、预防膜污染及污染控制策略对于维持膜性能和延长膜寿命至关重要。

膜污染行为的预测是当前水处理技术领域的一个重要研究方向，它对于优化膜工艺、延长膜使用寿命以及降低运营成本具有重要意义。近年来，随着计算能力的显著提升和人工智能技术的发展，基于分子动力学模拟和人工智能算法的研究取得了显著进展。

分子动力学模拟通过显式原子表示，能够探索污染物、膜和溶剂在三元界面的相互作用。分子动力学模拟不仅能够量化界面物理性质，还能生成轨迹数据，用于直接可视化吸附过程，为理解膜污染的分子机制提供了新的视角。

膜污染对膜通量的影响常用达西方程描述:

$$J_{v} = \frac{\Delta p}{\mu(R_{t})} = \frac{\Delta p}{\mu} \times \frac{1}{R_{m} + R_{a} + R_{pb} + R_{c}} \tag{2-1}$$

式中,J_{v} 为膜通量,$m^3/(m^2 \cdot s)$;Δp 为跨膜压差,Pa;μ 为黏度,Pa·s;R_{t}(图 2-14)为总体阻力,m^{-1};R_{m} 为膜的阻力;R_{c} 为滤饼层阻力;R_{a} 为由膜孔吸附污染物产生的阻力;R_{pb} 为污染物堵塞膜表面孔产生的阻力。当料液为清水时,传质阻力为膜自身的阻力 R_{m},这时的膜通量称为纯水通量(pure water flux,PWP)。由生物污染物吸附在膜表面而产生传质阻力是 R_{a}。当膜孔被颗粒堵塞时,对应的传质阻力为 R_{pb},这种情况称为结垢(scaling)。滤饼层的传质阻力(R_{c})可通过式(2-2)计算。

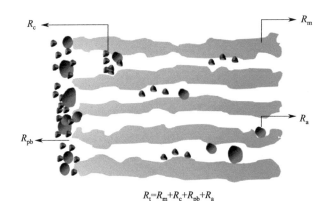

$$R_{t} = R_{m} + R_{c} + R_{pb} + R_{a}$$

图 2-14 膜污染的串联阻力模型的物理意义

$$R_{c} = \frac{r_{c}C_{f}V}{C_{c}A} \tag{2-2}$$

式中,C_{f} 为料液中的污染物浓度;V 为透过膜的溶液体积;A 为膜面积;C_{c} 为滤饼层中污染物的浓度;r_{c} 为滤饼层的比阻力,它与滤饼层厚度的乘积等于 R_{c}。r_{c}(m^{-2})由式(2-3)(Kozeny-Carman 关系)描述。

$$r_{c} = 180 \frac{(1-\varepsilon)^2}{d_{s}^2 \varepsilon^3} \tag{2-3}$$

式中,ε 为滤饼层的孔隙率;d_{s} 为溶质颗粒的直径。可见,粒径越小,阻力越大。

式(2-2)说明,滤饼层的阻力和滤饼层厚度有关,因此和渗透物的体积也有关系。这样就可以建立通量和渗透物体积的关系,如式(2-4)所示。

$$J = \frac{1}{A} \times \frac{dV}{dt} = \frac{\Delta p}{\mu(R_{m} + R_{c})} \tag{2-4}$$

将上式对时间积分得到：

$$\frac{t}{V} = \frac{\mu R_m}{A \Delta p} + \frac{\mu r_c \alpha_b}{2 C_c A^2 \Delta p} V \qquad (2-5)$$

式中，α_b 为比阻。根据式(2-5)，采用死端过滤装置测量渗透物体积随时间的变化。以 t/V 对 V 作图。直线的斜率 $\dfrac{\mu r_c \alpha_b}{2 C_c A^2 \Delta p}$ 被定义为膜污染指数（membrane fouling index，MFI）。MFI 值越大，说明膜污染问题越严重。对比式(2-1)和式(2-4) 可知，MFI 将生物污染、结垢、膜内吸附归入表面滤饼层污染。而前三种污染和渗透物体积没有线性关系。此外，r_c 的计算没有考虑跨膜压差的影响。实际上随着料液侧压力的提高，存在滤饼层压实（孔隙率下降），r_c 提高的现象。最后，膜污染指数计算基于死端过滤实验，当过滤方式是错流时，膜的污染行为会有不同。温度对膜污染行为的影响可用式(2-6) 描述：

$$J_T = J_{25} \times 1.0125^{T-25} \qquad (2-6)$$

式中，J_T 为温度 T 时的膜通量；J_{25} 为 25℃ 时的膜通量。可见随温度升高，膜通量呈指数级增长，升高温度有利于减少膜污染层的阻力。除了以上模型外，膜污染还可以和运行时间、污染物浓度等因素关联。这些模型均在特定条件下获得，实际应用时有局限性。

另一方面，基于人工智能的预测模型，如人工神经网络（ANN）、模糊逻辑、遗传编程、支持向量机等，已被证明在预测膜污染行为方面具有较高的准确性和灵敏度。这些模型能够处理大量的历史数据，学习污染过程中的复杂非线性关系，从而对膜污染行为进行有效预测。特别是深度学习技术的应用，通过构建更为复杂的网络结构，进一步提升了预测精度。此外，结合实验数据和理论模型的混合方法，也为膜污染预测提供了新的研究思路。

2.4.3　膜污染控制

控制膜污染的方法有三类：①调控膜材料和膜结构；②操作工况条件的优化；③膜清洗[7]。

（1）调控膜材料和膜结构

膜材料与结构改性主要是指通过涂覆（coating）、化学接枝（chemical grafting）、聚合物共混（polymer blend）、等离子体（plasma）改性提高膜表面的亲水性。涂覆是指在膜表面覆盖一层亲水性聚合物，以提高膜的抗污染能力。化学接枝是指在聚合物表面固定一层低分子量的活性基团。有时需要对聚合物膜的整体或表面进行修饰，使接枝反应可以进行。共混通常是将亲水性物质混入聚合物中，然后成膜。亲水性物质的存在可以提高膜整体的亲水性。等离子体改性和化学接枝类似（但更昂贵）。通过等离子体发生器将高能气体分子射向膜表面，这些高能粒子打断了聚合物中的 C—C 和 C—H 键，同时产生反应位点，使活性或不饱和基团通过交联或接枝的方式与聚合物反应，从而改变聚合物膜的亲水性。以上四种方法均改变了膜表面的化学性质，在膜表面构建一层亲水性材料。如图2-15 所示，两性离子的修饰使得膜表面亲水性提高，削弱了污染物质在膜表面的黏附性，同时避免了污染（膜孔内部吸附污染物颗粒）的产生，延长膜的使用寿命，减轻膜的维护和操作能耗。

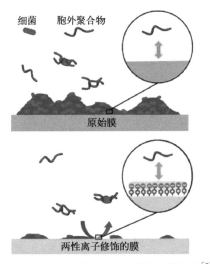

图 2-15　通过表面处理提高膜的抗污染性[8]

（2）操作工况条件的优化

操作工况条件的优化可以控制膜污染。为此，可以采用一系列预处理手段，如格栅结合 pH 调控、絮凝沉淀等，以有效去除料液中的大块污染物，避免其接触膜表面。在生化池中，将活性污泥的浓度控制在合适的范围内，不影响生物降解效率，将膜表面附着的污泥量控制在较低的水平，维持较高的水通量。在设备安装完成后，可通过调整工作条件来进一步控制膜污染。以浸没式膜生物反应器为例，其工作压力约为 0.5bar。随着跨膜压差的提高，膜通量先增加，这时膜污染情况随压力变化不明显。当压力高于某值（临界压力）后，膜污染速度迅速提高，膜通量开始下降。另一方面，高压力意味着能耗的提高以及浓差极化现象的加剧，因此应控制跨膜压差在接近临界压力的范围内。如图 2-16 所示，膜生物反应器膜的操作工况有死端（dead end）过滤和错流（cross flow）过滤两种。在死端过滤的过程中，溶剂在压力作用下通过膜，尺寸大于膜孔的溶质被截留并留在膜表面形成滤饼层。随着过滤过程的发展，污染物不断积累、滤饼层不断增厚使过滤阻力提高，膜通量下降。为了恢复膜性能，必须在运行一定时间后停止过滤，清洗膜表面或更换新的膜来恢复通量。因此死端过滤的操作必然是间歇的。死端过滤的优势是操作简单，但仅适用于小规模、固含量低的情况。对固含量高的料液（＞0.5%）则需要错流过滤的操作形式。在错流过滤过程中，料液从膜表面流过，通过剪切力将截留的固体颗粒带走，从而缓解了滤饼层的形成和发展。截切流动不仅有助于滤饼层维持在较低的厚度，而且在实际操作中，使得错流膜表面的滤饼层能够在较长时间内维持在稳定的厚度，进而确保膜通量的长时间稳定。然而，不管采用哪种操作形式，膜污染层的阻力总会随时间升高。为了维持稳定的性能，通常需要不断提高操作压力，这种操作方式称为恒通量过滤。与之相对的操作形式是恒压力操作。在此操作下，随着滤饼层的不断累积，膜通量不断下降。

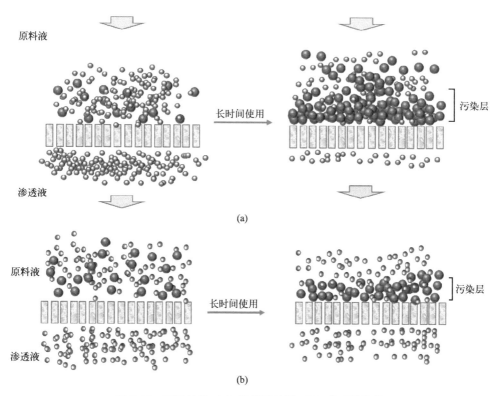

图 2-16　死端过滤（a）和错流过滤（b）的工况条件

　　膜通量不断下降，跨膜压力不断增大会导致浓差极化现象。浓差极化是指在过滤的过程中，由于溶质不断在膜表面积累造成膜表面的溶质浓度高于料液本体的溶质浓度，从膜表面到料液主体部分形成了稳定的浓度梯度区域，如图 2-17 所示。这个浓度梯度方向与料液侧到渗透侧的浓度梯度方向相反，因此浓差极化削弱了膜的传质推动力。由于浓差极化是膜表层溶剂渗透到膜另一侧造成的，一旦停止过滤（取消跨膜压力差），浓差极化现象就会消失，因此浓差极化现象是可逆的。提高表面流速是削弱浓差极化或减少滤饼层增长的常用方法。实现膜表面的湍流状态，不仅能够有效减少膜污染，还有助于显著提高膜通量。但当表面流速过快时，可能使絮状沉淀物分解为更小的胶体颗粒，进而提高溶质的溶解性，从而加剧膜污染。此外，过高的剪切速度使料液的压力增大，从而压实滤饼层。因此，控制合适的膜表面流速才能获得最佳的膜性能。可通过曝气、在膜表面添加网格制造湍流或漩涡，形成较大的剪切力，控制滤饼层的堆积。

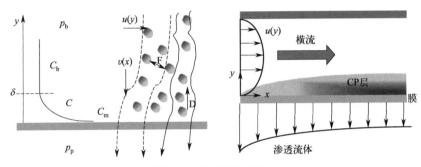

图 2-17　浓差极化现象

（3）膜清洗

由于膜污染不可避免，因此膜的清洗至关重要。常用的清洗方法有物理清洗和化学清洗。物理清洗不引入化学物质，通过水/气反冲洗或间隙过滤。反冲洗一般选择大于运行通量的流量，可以去掉黏附在膜表面的滤饼层。反冲洗通常应用于平板、卷式和管式膜。间隙过滤采用曝气吹扫的方式，即过滤一段时间后，停止过滤并曝气吹扫，然后继续过滤。其原理是使污染物从膜表面向料液本体扩散。间隙过滤实施方法简单，在实际操作过程中，间隙过滤常常与反向冲洗结合使用。化学清洗可以去除物理清洗难以去除的污染物，如膜孔内部吸附的颗粒，通常使用酸性（去除无机物）、碱性（溶解有机物）和氧化性试剂（次氯酸钠，氧化有机物）。在化学试剂的作用下，吸附的污染物溶解或从膜表面剥离。化学清洗可采用清洗药剂加入反洗水中每 30d 清洗一次，用于恢复膜通量。膜材料应具有较好的抗氧化性能。如图 2-18 所示，在膜的使用过程中，定期进行物理清洗，膜通量

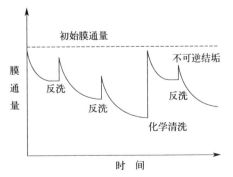

图 2-18　结合清洗的膜使用流程

可以得到一定程度的恢复。然而整体通量不断下降，这是因为不可逆的污染物不能通过物理清洗去除。一定时间后，对膜进行化学清洗，膜通量可以完全恢复，证明不可逆污染物被完全去除。

2.5　小结

本章首先回顾了水处理技术的发展历程，在此基础上重点介绍了水处理膜技术。当前，净水技术已涵盖多种膜分离技术，包括反渗透膜、纳滤膜、微滤膜、超滤膜以及膜生物反应器等。这些技术在水处理领域发挥着举足轻重的作用。其中，地下水处理工艺作为水处理的重要一环，其处理过程需要特别关注。通过采用适当的膜技术，可以有效去除地下水中的污染物，提高水质。此外，本章还对水处理膜技术进行了分类介绍。最后，本章着重介绍了膜生物反应器的一些基本知识。膜生物反应器工艺通过生物降解和膜分离的结合，实现有机物的去除和固液分离。然而，在膜生物反应器运行过程中，膜污染问题是一个需要关注的重要方面。本章还介绍了膜污染的形成机制、影响因素以及控制技术，为实际应用提供了有益的指导。

参考文献

[1]　The United Nations，"World Urbanization Prospects". 2018.

[2]　Li N N，Fane A G，Ho W S W，et al. Advanced membrane technology and applications. John Wiley & Sons Ltd，2008.

[3]　Faculty research talk. 2016.

[4]　王湛，王志，高学理. 膜分离技术基础. 3 版. 北京：化学工业出版社，2018.

[5]　贾志谦. 膜科学与技术基础. 北京：化学工业出版社，2020.

[6]　黄霞，文湘华. 水处理膜生物反应器原理与应用. 北京：科学出版社，2019.

[7]　Meng F G，Chae S R，Drews A，et al. Recent advances in membrane bioreactors（MBRs）：membrane fouling and membrane material. Water Res，2009，43（6）：1489-1512.

[8]　Song W L，Xu D，Yang X，et al. Membrane surface coated with zwitterions for fouling mitigation in membrane bioreactor：Performance and mechanism. J Membr Sci，2023，676：121622.

第 **3** 章
反渗透膜和纳滤膜

3.1 引言

在现代水处理技术中，反渗透膜和纳滤膜作为两种高效、节能的膜分离技术，日益受到关注和应用。它们以其独特的分离性能，在海水淡化、工业废水处理、饮用水净化等领域展现出强大的潜力，为解决全球水资源短缺和水污染问题提供了有效的技术手段。

反渗透膜技术是指通过施加一定的压力，使水分子在膜的选择性透过作用下，从高浓度一侧流向低浓度一侧，从而实现盐分和其他杂质的去除。这种技术具有高效、节能、环保等优点，被广泛应用于海水淡化、苦咸水脱盐等领域。纳滤膜技术则是一种介于反渗透和超滤之间的膜分离技术，其孔径大小介于纳米级别，能够实现对水中特定离子的选择性截留。纳滤膜在去除重金属离子、有机物等污染物方面表现出色，特别适用于饮用水净化和工业废水处理等领域。

随着科技的不断进步和应用领域的不断拓展，反渗透膜和纳滤膜的性能不断优化，成本逐渐降低，使得这两种技术在水处理领域的应用更加广泛和深入。未来，随着膜材料、膜组件和膜工艺的不断创新，反渗透膜和纳滤膜将在水资源保护和水环境治理方面发挥更加重要的作用。本章旨在深入探讨反渗透膜和纳滤膜的基本原理、技术特点、应用领域及发展趋势，以期为相关领域的研究人员和实践者提供有益的参考和借鉴。

3.2 渗透压的概念

渗透（osmosis）是一种自然现象，首先由法国科学家 Jean-Antoine Nollet

于 1748 年发现。他用猪膀胱制作了一张半透膜，将酒精溶液与水隔开，发现水会自发地透过膜进入高浓度的酒精溶液中。100 多年后，荷兰科学家 Jacobus H. van't Hoff 对渗透现象进行了更为深入的探索，将渗透压和溶质的浓度联系起来，并提出了渗透压方程。由于这一杰出贡献，他于 1901 年荣获了诺贝尔化学奖[1]。

如图 3-1 所示，Jacobus H. van't Hoff 用猪膀胱封住装有葡萄糖溶液的漏斗的一端，将漏斗浸没在纯水中。由于猪膀胱阻挡了葡萄糖向纯水侧传质，只有水可以透过半透膜进入糖水溶液中，使漏斗中的液面上升。到达平衡后，通过测量漏斗中液面的上升高度，可以精确计算渗透压。通过分析渗透压随漏斗中溶液的溶质浓度的变化规律，可以得到渗透压公式：

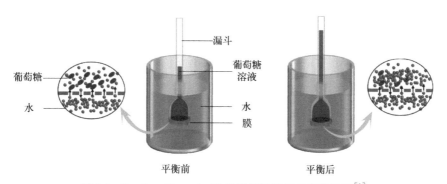

图 3-1　Jacobus H. van't Hoff 测量渗透压的实验装置[1]

$$\pi = iMRT \tag{3-1}$$

式中，π 为渗透压，atm；i 为范特霍夫因子；M 为溶质的摩尔浓度，mol/L；R 为气体常数，0.08206L·atm/(mol·K)；T 为温度，K。渗透压公式可以由热力学公式推导获得。纯水侧的化学势为：

$$\mu_A = \mu_A^\ominus + \int_{p^\ominus}^p V_m dp \tag{3-2}$$

式中，V_m 为水的摩尔体积。糖水侧的化学势为：

$$\mu_{A\,solution} = \mu_A^\ominus + \int_{p^\ominus}^p V_m dp + RT\ln x_A \tag{3-3}$$

式中，x_A 为水的摩尔分数。当糖水侧和纯水侧压力相同时，因为 $x_A < 1$，$\mu_A > \mu_{A\,solution}$，水向糖水侧扩散。随着水的扩散，糖水侧液面逐渐升高使糖水侧压力升高。到达平衡时，有：$\mu_A = \mu_{A\,solution}$。式(3-2) 减去式(3-3) 得到：

$$\mu_A^\ominus + RT\ln x_A + \int_{p^\ominus}^{p+\pi} V_m dp = \mu_A^\ominus + \int_{p^\ominus}^p V_{m,A} dp \tag{3-4}$$

消去方程两侧相等的项，得到：

$$\int_{p}^{p+\pi} V_m \mathrm{d}p = -RT\ln x_A \tag{3-5}$$

因为水是不可压缩流体，V_m 近似为常数。对式(3-5)左侧积分得到：

$$V_m \pi = -RT\ln x_A \tag{3-6}$$

将 $\ln x_A$ 按级数展开得到：

$$\ln x_A = \ln(1-x_B) = \left(-x_B - \frac{x_B^2}{2} - \frac{x_B^3}{3} - \cdots\right) \approx -x_B \tag{3-7}$$

式中，x_B 为溶质的摩尔浓度。将式(3-7)代入式(3-6)得到：

$$V_m \pi = x_B RT \tag{3-8}$$

当溶液为稀溶液时：$x_B = \dfrac{n_B}{n_A + n_B} \approx \dfrac{n_B}{n_A}$。将 $\dfrac{n_B}{n_A}$ 代替式(3-8)中的 x_B 项，得到 van't Hoff 的渗透压方程：

$$\pi = \frac{n_B}{V_m n_A} RT = \frac{n_B}{V} RT = MRT \tag{3-9}$$

渗透压公式具有依数性（colligative properties）的特点。依数性指溶液的性质仅和溶液中溶质的摩尔浓度相关，而与溶质的性质（如大小、分子量、极性等）无关。其他物理性质，如蒸气压下降、沸点升高、凝固点降低也具有依数性的特点。渗透压公式中的范特霍夫因子的物理意义是溶质在溶液中实际的粒子数与其理想状态下的粒子数的比值。多数非电解质溶质的范特霍夫因子等于1；离子型化合物的范特霍夫因子仅在理想状态等于其摩尔浓度，如表3-1所示，随着浓度的升高，其范特霍夫因子逐渐减小。

表 3-1　不同浓度下盐溶液的范特霍夫因子

盐溶液	浓度/(mol/kg 水)			范特霍夫因子
	0.1	0.01	0.001	
NaCl	1.87	1.94	1.97	2.00
KCl	1.85	1.94	1.98	2.00
K_2SO_4	2.32	2.70	2.84	3.00
$MgSO_4$	1.21	1.53	1.82	2.00

【例 3-1】海水中的盐浓度平均为 35g/L，对应的 NaCl 的摩尔浓度为：$M = \dfrac{35}{58.44} = 0.6\text{mol/L}$。设范特霍夫因子=2。计算其渗透压。

根据渗透压公式：

$$\pi = iMRT = 2 \times 0.6\,\text{mol/L} \times 0.0821\,\text{L/(atm·K)} \times 298\text{K} = 29.3\,\text{atm}$$

可见，海水的渗透压为 29.3atm。在反渗透过程中，需要在海水侧施加高于 29.3atm 的压力，才能使水从海水侧流到反渗透膜的淡水侧。在海水淡化过程中，需要在料液侧施加 60 个大气压，才能从海水中回收 50% 的水。

【例 3-2】计算 5%（质量分数）蔗糖溶液（$C_{12}H_{22}O_{11}$）在 17℃ 时的渗透压。

$$M = \frac{5}{342} = 0.0146\,\text{mol/L} 。$$

$$\pi = iMRT = 1 \times 0.0146\,\text{mol/L} \times 0.0821\,\text{L/(atm·K)} \times 290\text{K} = 3.5\,\text{atm}$$

【例 3-3】已知饱和蒸气压的计算公式：$\Delta p = p^* x_B$。乙醚（$M_w = 74\text{g/mol}$）在 298.2K 时的饱和蒸气压为 58950Pa。加入 10g 不挥发有机物后测得其饱和蒸气压下降为 56793Pa。试计算该有机物的摩尔质量。

根据饱和蒸气压的计算公式，可求得未知有机物的摩尔浓度 x_B。

$$x_B = \frac{\Delta p}{p^*} = \frac{58950 - 56793}{58950} = 0.03659$$

由此可计算其摩尔质量 M_B。

$$x_B = \frac{n_B}{n_A + n_B} = \frac{\dfrac{m_B}{M_B}}{\dfrac{m_A}{M_A} + \dfrac{m_B}{M_B}} = \frac{\dfrac{10}{M_B}}{\dfrac{100}{74} + \dfrac{10}{M_B}}$$

$$M_B = 195\,\text{g/mol}$$

如图 3-2 所示，根据料液侧与透过侧压力的区别，可以将渗透过程分为以下三类：反渗透（reverse osmosis）；正渗透（forward osmosis）；压力延迟渗透（pressure retarded osmosis）。

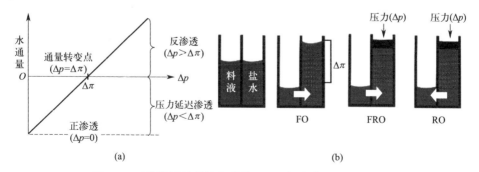

图 3-2　三种渗透过程的水通量（a），与跨膜压差对比（b）

在正渗透过程中，膜两侧的渗透压差是水传质的推动力，使得水分子自发从低浓度侧向高浓度侧传质。在压力延迟过程中，尽管膜的低浓度侧所受的压力小于膜两侧的渗透压差，水依然从高浓度侧向低浓度侧扩散，但传质推动力小于正渗透过程。在反渗透过程中，低浓度侧的压力高于渗透压差，这时水从高浓度侧向低浓度侧扩散。

3.3 反渗透技术的发展历史

海水淡化的研究始于 19 世纪 50 年代，为了解决水资源短缺问题开始资助海水淡化研究，美国的加利福尼亚州大学洛杉矶分校（UCLA）和佛罗里达大学的研究团队几乎同时开展膜法海水淡化研究。洛杉矶分校的哈斯勒教授（Gerald Hussler）于 1956 年创造了反渗透（reverse osmosis）的概念。自此反渗透技术经历蓬勃发展，反渗透技术发展中的里程碑事件见图 3-3。

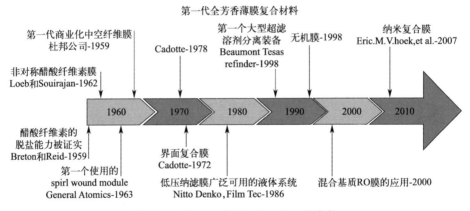

图 3-3 反渗透技术发展中的里程碑事件

反渗透技术的关键是制备一张允许水透过，同时截留盐的高渗透性膜。佛罗里达大学瑞德教授（Charles Reid）的团队测试了一系列具有对称结构聚合物薄膜的反渗透性能，反渗透膜组器及海水淡化装置流程见图 3-4。发现醋酸纤维膜的截盐率大于 99%，但水通量仅为当前商业化反渗透膜的 1%，不具有工业应用价值。尽管如此，瑞德的研究工作证明了反渗透海水淡化技术的可行性。

1956 年，UCLA 的尤斯特（Samuel Yuster）团队开展了反渗透技术的研究。团队中的索里拉金（Srinivasa Sourirajan）和洛布（Sidney Loeb）（图 3-5）针对一系列商业膜进行了脱盐性能测试。他们发现经过热处理的醋酸纤维素超滤膜展现出了卓越的脱盐性能，截盐率高达 92%，且其水通量达到了对称性醋酸

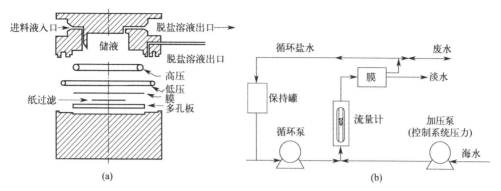

图 3-4　Loeb-Sourirajan 开发的反渗透膜组器 (a) 和海水淡化装置流程图 (b)

纤维素致密膜的 8 倍。这一发现揭示了膜具有较薄的致密层和有孔的支撑层是获得高通量的关键。经过不断探索，洛布和索里拉金在 1959 年将醋酸纤维素-丙酮-水-高氯酸镁以 22.2∶66.7∶10∶1.1 的比例共混，并将该溶液涂覆在平板上后，经过蒸发、热处理等工艺制成了具有非对称结构的醋酸纤维素膜[2]。该膜的截盐率高达 99%，同时其水通量达到 0.1L/($m^2 \cdot h \cdot bar$)，与目前先进的反渗透膜水通量相当 [0.1～1L/($m^2 \cdot h \cdot bar$)]。而这种具有致密的皮层和多孔支撑层结构的膜被称为 L-S 膜。L-S 膜优良的脱盐性能和良好的力学性能使反渗透技术逐渐替代了蒸馏技术，在海水淡化市场中占据了主导地位。

图 3-5　Sidney Loeb 教授 (a) 与 Srinivasa Sourirajan 教授 (b)

　　当前市场上的反渗透膜是在 L-S 膜基础上研发的薄膜复合反渗透膜。这种膜具有三层结构（图 3-6）：最上层的为聚酰胺分离层，厚度约为 0.2μm；中层为聚砜 L-S 超滤膜，厚度为 40μm；下部为无纺布支撑层，通常是由聚酯或聚对苯二甲酸乙二醇酯制成，厚度为 120μm。这种结构的优点是可以获得更薄、更致密的分离层，从而得到更高的截盐率和水通量。如果反渗透膜采用 L-S 相转化法一次成型，那么 L-S 膜的横截面具有从表层致密无孔到下部多孔的过渡层。过渡层往往阻力较高，并且表面致密层厚度较难控制。与之相比，复合膜的各层结构独立，使得其更容易控制。复合膜的制备工艺主要有以下几种：①将分离层材料浇铸在支撑层表面，再由刮刀层压成膜；②将支撑层浸入聚合物溶液中，取出烘干后进行交联反应，通过浸涂的方法在支撑层表面附着分离层；③使用等离子体技术在支撑层表面以气相沉积法形成致密分离层；④通过界面聚合法将单体溶解在两种互不相溶的溶剂中，在支撑层表面聚合形成致密分离层。

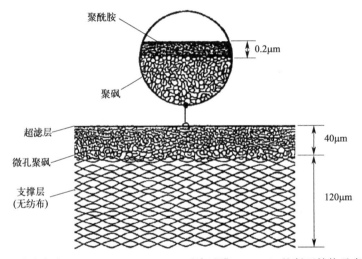

图 3-6　薄膜复合（thin film composite）反渗透膜（FT30）的断面结构示意图[3]

　　界面聚合法最早由 J. E. Cadotte 等人于 1970 年应用到反渗透复合膜的制备中[3,4]。在这一过程中，研究者将聚砜超滤膜浸入含有聚乙烯亚胺（PEI）的水溶液中，取出后排除表面多余的溶液，然后浸入到含有甲苯二异氰酸酯（TDI）的有机溶液中。在此过程中，甲苯二异氰酸酯和聚乙烯亚胺迅速反应，形成图 3-7 中所示的网状交联结构。交联膜使两种反应物的扩散速度迅速下降，使膜的厚度不再增加。对复合膜进行后续加热处理，可以进一步提高交联密度，增加复合膜的截盐性能。由于界面聚合反应具有自抑制的特点，复合膜的分离层非常薄（小于 100nm）。因此由界面聚合方法制备的薄膜复合反渗透膜同时具有高截盐率和高水通量。自抑制的前提条件是两种反应单体分别溶解于不互溶的溶剂中，当两种溶剂相接触时，单体仅仅在两相的界面发生反应，形成的交联膜就附着在多孔支撑层上了。在尝试了多种单体后，FilmTec 公司于 1978 年推出了以均苯三甲酰氯和哌嗪制成的 NS-300 复合膜。NS-300 对二价盐表现出很高的截留率，但对一价盐的截留效果相对较弱。这种较疏松的反渗透膜，是纳滤膜的前身。1980年，FilmTec 公司推出了以均苯三甲酰氯和间苯二胺为单体制备的 FT30 反渗透膜，其分子结构如图 3-8 所示。与第一代 L-S 法制备的醋酸纤维素反渗透膜［水渗透率为 $0.25m^3/(m^2 \cdot d \cdot MPa)$，NaCl 截留率为 95%］相比，FT30 膜对 NaCl 的水渗透率提升至 $0.55m^3/(m^2 \cdot d \cdot MPa)$，截留率提升到 98.5%。随着界面聚合技术的不断发展，新一代的反渗透膜展现出更高的膜截盐率（达 99.5%），水渗透率不断提升，跨膜压差不断降低。

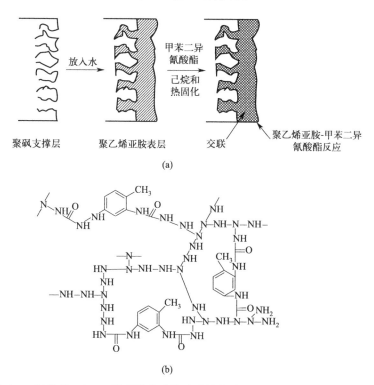

图 3-7　Cadotte 制备的 NS-100 界面聚合反渗透膜的方法（a）和界面聚合层的分子结构（b）

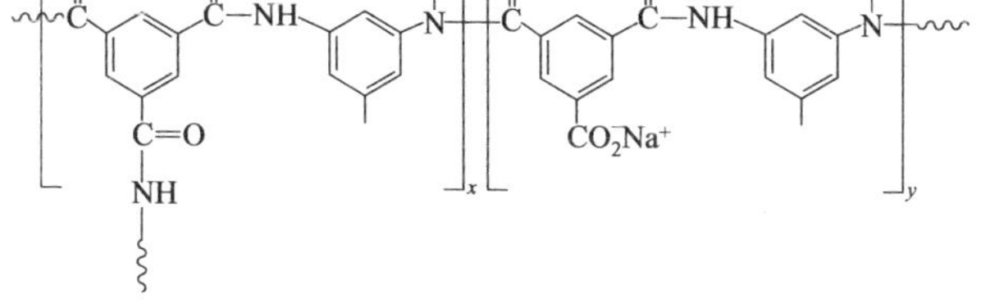

图 3-8　FT30 聚酰胺分离层的分子结构式

高性能的反渗透膜是工业化应用不可或缺的前提条件，而膜组器的设计同样至关重要，适宜的膜组器构造才能充分发挥反渗透膜的性能优势。由洛布和索里拉金发明的 L-S 非对称膜是平板膜，研究者借鉴了板框式滤膜的形式（图 3-9）开发了板框式的反渗透膜。由于板框式膜的装填面积小并且第一代反渗透膜的通量有限，因此板框式反渗透膜的产水量低。随后洛布进一步开发了管式反渗透膜，依然存在膜的装填面积小，产水量低的问题，不是主流的反渗透膜组器形式。值得注意的是，板框式膜组器具有耐高压、易于清洗的特点。这些优势使其在特定应用场景中仍具有一定的应用价值。目前的高压反渗透膜多采用碟片式反渗透组器的形式。

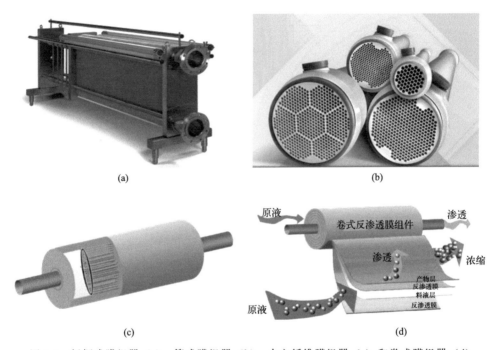

图 3-9　板框式膜组器（a），管式膜组器（b），中空纤维膜组器（c）和卷式膜组器（d）

　　为了提高反渗透膜的装填密度，陶氏化学和杜邦公司在 1960～1970 年间开发了基于醋酸纤维素的整体式 L-S 中空纤维反渗透膜。目前市面上唯一在售的中空纤维反渗透膜为日本东洋纺公司（TOYOBO）的 HOLLOSEP 三乙酸纤维素膜。中空纤维膜组器的膜丝装填密度大，但其料液侧流体的流动状态不稳定、难以控制。又因为界面聚合技术难以在中空纤维膜上实现，使中空纤维反渗透膜的脱盐性能低于界面聚合反渗透膜。因此，中空纤维膜组器不是反渗透膜组器的首选形式。几乎在同一时期，美国 Gulf General Atomics 公司的 Donald T. Bray 在 1965 年申请了卷式反渗透膜组件的专利。卷式膜组器形式如图 3-9 所示，卷式膜由多片平板膜卷制而成，每一张膜片被折叠成双层结构。两层的中间为多孔支撑网，膜片的三个边用胶密封，形成口袋状的结构。开放的边和组器中间的收集管连接，膜袋外侧用格网分开，构成料液的流道。在运行时，料液经过流道流经膜片，其中的水被压入膜袋中间的多孔支撑网，最终经中心的收集管流出。卷式膜的填充密度高于平板膜且可以耐高压，是当前应用最广泛的反渗透膜组器形式[5-8]。

当前应用最广泛的膜组器形式包括板框式、管式、中空纤维式和卷式四种。它们的特点如表 3-2 所示。可见，卷式膜和中空纤维膜具有较高的装填密度和较低的造价。除管式膜外，其他三种膜组器均可设计成耐高压的形式，应用在卷式膜和平板膜的膜材料最多，管式膜的抗污染性能最佳，也最容易清洗。在反渗透的工程应用中，卷式膜具有耐高压、高装填密度的优点，但不容易清洗。为了减轻膜污染，料液需要预处理后才进入到反渗透膜组器中。

表 3-2　四种膜组器的特点比较[9-11]

项目	卷式膜	中空纤维膜	管式膜	板框式膜
成本	低	高	高	高
堆积密度	高	超滤-高 反渗透-非常高	低	中等
压力	高	超滤-低 反渗透-高	超滤-低 反渗透-中等	高
可选聚合物种类	多	少	少	多
抗污染能力	一般	超滤-好 反渗透-差	非常好	一般
清洁能力	好	超滤-非常好 反渗透-差	非常好	好

3.4　描述反渗透和纳滤过程的热力学模型

3.4.1　非平衡态热力学

热力学将研究对象通常划分为平衡态和非平衡态两类。经典热力学将一个热力学过程分割成多个接近平衡态的可逆过程，并计算每个可逆过程的热力学性质变化后，通过积分得到整体热力学过程的终点热力学性质。平衡热力学只能用于判断热力学过程的方向，而不能计算热力学过程中与时间有关的性质，如反应速度、传质速度以及导热速度等。膜分离过程处于热力学不平衡状态，研究者关心的问题是膜在特定推动力下的传质速度。研究这个与时间相关的性能无法通过可逆热力学方法，因此需要建立不可逆热力学模型。

不可逆热力学过程具备两个特点：①体系处于热力学不平衡态；②能量有耗散或衰变。耗散的能量不可以再利用（不能做功），这部分耗散的能量造成了系统熵值的增加。在膜分离过程中，组分在膜两侧化学势差的推动下持续透过膜。在这一过程中系统的自由能不断消耗，造成体系的能量耗散和熵增加。描述能量耗散速度的函数称为耗散函数（ϕ），如式（3-10）所示。Q_{ir} 为耗散的能量，S 为熵，t 为时间，J_i 为组分 i 的通量，X_i 为组分 i 的推动力。

$$\phi = \frac{\mathrm{d}Q_{ir}}{t} = \frac{T\,\mathrm{d}S}{t} = \sum J_i X_i \tag{3-10}$$

采用线性唯象方程描述反渗透传质过程，认为分子的扩散和化学势梯度符合菲克第一定律：

$$J = -D\,\frac{\mathrm{d}\mu}{\mathrm{d}x} \tag{3-11}$$

对双组分体系，考虑扩散中的伴生关系，即一个组分在扩散的过程中对另一个组分的扩散产生影响。当一个组分的传质通量上升促进另一组分的传质时，称正耦合现象。为了描述两个组分自身的推动力对另一个组分传质的影响，引入共轭的概念。对双组分体系有：

$$J_1 = -D_{11}\,\frac{\mathrm{d}\mu_1}{\mathrm{d}x} - D_{12}\,\frac{\mathrm{d}\mu_2}{\mathrm{d}x} \tag{3-12}$$

$$J_2 = -D_{22}\,\frac{\mathrm{d}\mu_2}{\mathrm{d}x} - D_{21}\,\frac{\mathrm{d}\mu_1}{\mathrm{d}x} \tag{3-13}$$

式中，D_{11}、D_{22} 为组分的主扩散系数；D_{12}、D_{21} 为耦合系数。根据 Onsager 互易关系，$D_{12} = D_{21}$。由耗散函数 $\phi = \sum J_i X_i = \sum\sum -D_{ij}\,\frac{\mathrm{d}\mu_j}{\mathrm{d}x}\times\frac{\mathrm{d}\mu_i}{\mathrm{d}x}$ 推导出：

$$\phi = -D_{11}\left(\frac{\mathrm{d}\mu_1}{\mathrm{d}x}\right)^2 - 2D_{12}\,\frac{\mathrm{d}\mu_1}{\mathrm{d}x}\times\frac{\mathrm{d}\mu_2}{\mathrm{d}x} - D_{22}\left(\frac{\mathrm{d}\mu_2}{\mathrm{d}x}\right)^2$$

因为熵变 >0，$\phi>0$，有

$$-D_{11}\left(\frac{\mathrm{d}\mu_1}{\mathrm{d}x}\right)^2 - 2D_{12}\,\frac{\mathrm{d}\mu_1}{\mathrm{d}x}\times\frac{\mathrm{d}\mu_2}{\mathrm{d}x} - D_{22}\left(\frac{\mathrm{d}\mu_2}{\mathrm{d}x}\right)^2 > 0$$

为了满足以 $\frac{\mathrm{d}\mu}{\mathrm{d}x}$ 为变量的二次函数大于 0，可推出 $D_{11}D_{22} \geqslant D_{12}^2$，即不存在使二次函数小于 0 的实数解。当多组分体系出现正耦合现象时，$D_{12}>0$，混合体系的选择性下降；当 $D_{12}<0$ 时，混合体系的选择性上升。

反渗透过程的耗散函数如式（3-14）所示：

$$\phi = \sum J_i X_i = J_w \Delta\mu_w + J_s \Delta\mu_s \tag{3-14}$$

水和盐在膜两侧的化学位差分别由式（3-15）和式（3-16）表示。

$$\Delta\mu_w = \mu_f - \mu_p = V_w(p_1 - p_2) + RT(\ln a_{1w} - \ln a_{2w}) \tag{3-15}$$

$$\Delta\mu_s = \mu_f - \mu_p = V_s(p_1 - p_2) + RT(\ln a_{1s} - \ln a_{2s}) \tag{3-16}$$

水的渗透压和浓度的关系式：$\pi = RT \dfrac{\ln a_w}{V_w}$，膜渗透侧和料液侧的渗透压差为：

$$\Delta\pi = RT(\ln a_{2w} - \ln a_{1w}) \frac{RT}{V_w} \tag{3-17}$$

因此

$$\Delta\mu_w = V_w(\Delta p - \Delta\pi) \tag{3-18}$$

式（3-16）可以简化为：

$$\Delta\mu_s = V_s \Delta p + \frac{\Delta\pi}{\overline{C}_s} \tag{3-19}$$

$\overline{C}_s = \dfrac{C_{s1} - C_{s2}}{\ln \dfrac{C_{s1}}{C_{s2}}}$ 为膜两侧盐的平均浓度。由式（3-14）、式（3-18）和式（3-19）得到以水的渗透压、跨膜压差为推动力的耗散方程式（3-20）。

$$\phi = (J_w V_w + J_s V_s)\Delta p + \left(\frac{J_s}{\overline{C}_s} - J_w V_w\right)\Delta\pi = J_t \Delta p + J_s \Delta\pi \tag{3-20}$$

式中，$J_w V_w + J_s V_s$ 为透过膜的总体积流量（J_{tv}）；$\dfrac{J_s}{\overline{C}_s} - J_w V_w$ 为盐的体积流量（J_{sv}）。可将 J_{tv} 和 J_{sv} 用线性唯象方程与推动力（跨膜压差和渗透压差）关联。

$$J_{tv} = L_{11}\Delta p + L_{12}\Delta\pi \tag{3-21a}$$

$$J_{sv} = L_{22}\Delta p + L_{21}\Delta\pi \tag{3-22a}$$

根据式（3-21），当膜两侧没有压力差时，在渗透压差的作用下，仍会有水通量；另一方面，在膜两侧渗透压差是 0 时，跨膜压力差会使盐透过膜。以上两种情况可以用于计算系数 L_{11} 和 L_{22}。L_{11} 称为膜的纯水渗透系数，L_{22} 称为溶质渗透系数。在 $J_{tv} = 0$ 时有：

$$\frac{\Delta p}{\Delta\pi} = -\frac{L_{12}}{L_{11}}$$

可将 $-\dfrac{L_{12}}{L_{11}}$ 定义为截盐系数 σ，则式（3-21）、式（3-22）变为：

$$J_{tv} = L_p(\Delta p - \sigma \Delta \pi) \tag{3-21b}$$

$$J_{sv} = \overline{C}_s(1-\sigma)J_t + L_{22}\Delta \pi \tag{3-22b}$$

当 $\sigma=1$ 时，说明膜两侧的渗透压等于其理想状态下的渗透压，膜对盐有 100% 的截留率；当 $\sigma=0$ 时，说明膜两侧渗透压差为 0，膜对盐完全没有截留性能；当 σ 在 $0\sim1$ 之间时，说明膜对盐有一定的截留，但还有盐可以透过膜，实际渗透压差小于理想值。

3.4.2 传质模型

（1）溶解-扩散机理（solution-diffusion mechanism）

在反渗透过程的研究中，多种模型被提出以揭示其复杂机制，溶解-扩散模型是应用较多的一个。如图 3-10 所示，该模型认为反渗透膜的分离层致密无孔，溶质和溶剂分别溶解在膜内，在化学势梯度或浓度梯度的作用下在膜内扩散，最后在膜另一侧解吸[12]。

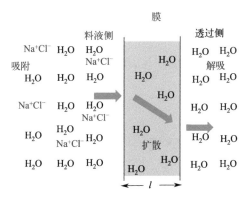

图 3-10　溶解-扩散模型

溶解-扩散模型将分子传质分为三个步骤：①分子在膜的料液侧溶解；②在浓度差的作用下，这些分子扩散到膜的另一侧；③分子在透过侧解吸。通常认为吸附和解吸过程很快，扩散过程较慢。当膜的上、下表面达到溶解平衡时，决定传质速度的是第②步的扩散过程。根据式（3-12），反渗透过程的水通量和化学势的关系如下：$J_1 = -D_{11}\dfrac{d\mu_1}{dx} - D_{12}\dfrac{d\mu_2}{dx}$。当膜对水/盐传质有很高的选择性时，$D_{12}\approx0$。这时：

$$J_1 = -D_{11}\frac{d\mu_1}{dx} \tag{3-23}$$

将式(3-18) 代入式(3-23) 得到：

$$J_1 = -\frac{D_{11}V_w}{l}(\Delta p - \Delta \pi) \tag{3-24}$$

式中，l 为膜的厚度。式(3-24) 将反渗透膜的水通量和膜两侧的压力梯度与渗透压梯度的差值联系起来。设 $P = -\frac{D_{11}V_w}{l}$，代表水在反渗透膜中的渗透性。

另一种方法是将膜通量和膜内部的化学势梯度建立联系，式（3-24）中 Δp、$\Delta \pi$ 代表膜两侧的界面处料液和渗透侧液体所受的压力以及渗透压。根据化学势公式：

$$\mu_1 = \mu_1^\ominus + \int_{p^\ominus}^{p} V_1 \mathrm{d}p + RT\ln c_1 = \mu_1^\ominus + V_1\Delta p + RT\ln c_1 \tag{3-25}$$

由于反渗透膜固定在支撑网格上，根据牛顿第三定律中力与反作用力的关系，反渗透膜内部受到均一的应力与跨膜压差大小相等、方向相反，因此膜内部的 $\Delta p = 0$。

$$\frac{\mathrm{d}\mu_1}{\mathrm{d}x} = RT\frac{1}{c_1} \times \frac{\mathrm{d}c_1}{\mathrm{d}x} \tag{3-26}$$

将式(3-26) 代入式(3-23) 得到：

$$J_1 = -\frac{D_{11}RT}{c_1} \times \frac{\mathrm{d}c_1}{\mathrm{d}x} = -\frac{D_{11}RT}{c_1 l}\Delta c_1 \tag{3-27}$$

式(3-27) 类比 Fick 定律 $J_1 = -D\frac{\mathrm{d}c_1}{\mathrm{d}x}$ 的形式，得到 Fick 扩散系数和热力学扩散系数的关系：

$$D = \frac{RTD_{11}}{c_1} \tag{3-28}$$

而盐在膜中的传质可由式(3-29) 描述：

$$J_2 = -D_{22}\frac{\mathrm{d}\mu_2}{\mathrm{d}x} = DK\frac{C_f - C_p}{l} = B(C_f - C_p) \tag{3-29}$$

式中，K 为盐在膜中和溶液中的分配系数，$B = \frac{DK}{l}$。同理，令 $A = -\frac{D_{11}V_w}{l}$，则式(3-24) 变为：

$$J_1 = A(\Delta p - \Delta \pi) \tag{3-30}$$

式(3-29) 和式(3-30) 是描述反渗透膜水通量和盐通量的常用公式。一般情况下，A，B 为常数，分别代表膜对水和盐的渗透率。它们受压力、盐浓度的影响较小，但受温度影响，符合阿伦尼乌斯关系。描述膜的本征传质性能，即渗透性，与膜的厚度无关。渗透性（P）在数值上等于渗透率乘以膜的厚度。

溶解-扩散模型实质上是一种黑箱模型。它用渗透性评价膜的传质性能，认为膜的结构是均一的、无缺陷的，扩散以分子形式进行。然而膜表面总会存在小孔缺陷，水分子也可能团聚为水分子簇。这种微观上的不均匀性往往造成实验结果与溶解-扩散模型预测结果的偏差。为了完善溶解-扩散模型，将分子在膜孔内传质与扩散传质结合，Sherwood 对溶解-扩散模型进行了修正。

$$J_1 = A(\Delta p - \Delta \pi) + K\Delta p \tag{3-31}$$

右侧第二项代表孔内传质对整体水通量的贡献，可以认为孔内传质满足 Darcy 定律。同理，盐的传质方程可写为：

$$J_2 = B(C_f - C_p) + K\Delta p C_f \tag{3-32}$$

右侧第二项代表随着孔内水的传质带来的盐传质，可见 Sherwood 假定孔内传质对盐不具有截留性能。

（2）优先吸附-毛细管孔流机理（preferential adsorption-capillary pore flow mechanism）

由于膜材料对溶液中的不同组分展现出不同的吸附性能，膜与溶液界面处的溶液组成可能与溶液本体存在差异。如图 3-11 所示，反渗透膜的开发动机源于膜表面对盐溶液中水分子的选择性吸附现象。通过理论计算，当膜表面优先吸附水分子时，可以在膜表面形成一层厚度介于 0.5～1nm 之间的纯水分子层。当膜的表面孔径小于纯水层厚度的 2 倍时，即最大孔径处于 1～2nm 范围内时，盐分子可以被有效排除于孔外，从而实现对盐的截留。

如图 3-12 所示，在多孔膜上部存在三个区域：①料液的本体区，盐浓度等于料液平均浓度；②浓差极化区，盐浓度高于本体浓度；③界面层区域，由于膜对水的选择性吸附，盐浓度远小于浓差极化区和本体区。界面层的水溶液经过膜孔到达透过侧，此过程伴随三种传质现象发生：①水通过膜孔；②盐伴随着水通过膜孔；③浓差极化层的盐反向扩散至本体区域。孔流模型的水通量关系式在形式上和式（3-30）相同，但式中的渗透压差为浓差极化层和界面层之间的渗透压差。常数 A 可以通过测量某一压力下膜的纯水通量推算。

盐的传质是在浓差极化层和界面层盐浓度梯度下，使盐离子克服膜表面的选择性吸附作用扩散到界面层，然后盐离子随着水向膜孔中传质而发生的。由于浓差极化层内的盐浓度难以直接测量，通常用膜两侧的盐浓度差作为盐的传质推动力，即膜上部边界层的盐浓度 C_{s3} 和渗透测盐浓度 C_p 之间的差异，由式（3-33）计算。

$$J_s = \frac{D_{sm}K}{l}(C_{s3} - C_p) \tag{3-33}$$

式中，D_{sm} 为盐浓差极化层内的扩散系数；C_{s3} 为膜上表面界面层内的盐浓度；C_p 为渗透侧盐浓度；l 为膜厚度；$\dfrac{D_{sm}K}{l}$ 为溶质的迁移参数。通过实验测量渗透液中的盐浓度可得到盐通量和整体通量的比值，进而得到边界层内的盐浓度（C_{s3}）。通过测量渗透侧盐浓度 C_p 以及盐的通量可以计算溶质迁移参数 $\dfrac{D_{sm}K}{l}$。

$$C_{s3} = \frac{J_s}{J_w + J_s} \tag{3-34}$$

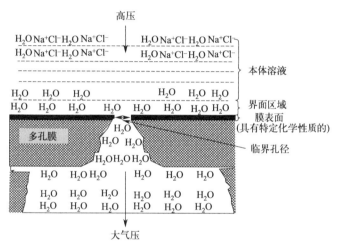

图 3-11　优先吸附-毛细孔流动的水分子传质机理

参数 A 是在纯水条件下测得的，与盐浓度无关，反映了膜结构传质阻力的导数，同时和膜的孔隙率呈正相关关系。随着压力的上升，膜会被压缩，造成传质阻力上升，进而使得 A 值下降。随着温度的上升，液体黏度下降，A 值也会升高。溶质的迁移参数反映溶质在膜中传质的难易程度，其值越高，膜对盐的截留性能越差。一般规律是：膜孔越大，迁移参数越高；迁移参数随压力的升高而降低，随温度的升高而升高。通过优先吸附-毛细孔流理论可解释反渗透过程的两个控制因素：平衡效应和动态效应。界面处的溶质、溶剂分子和膜材料三者间的竞争吸附作用决定了界面层内的盐浓度。溶质和溶剂在膜孔内的传质性能和界面处的平衡效应共同决定了脱盐性能。为实现最佳的脱盐性能，膜材料应该具有优先吸附水的性质，以及接近 2 倍界面层的尺寸的表面孔。

（3）溶解-扩散模型与优先吸附-毛细孔流模型的对比

溶解-扩散模型和孔流模型是解释反渗透过程应用最广泛的两种模型，然而哪种模型更适合是争议很广泛的问题。图 3-12 展示了基于两种模型的膜内部压力、化学势以及活度分布的对比。溶解-扩散模型假设包括：①膜内部压力是常数，等于料液侧施加的压力；②膜内部存在浓度梯度，水在浓度梯度的作用下在膜内部传质。溶解-扩散模型认为：盐的截留是由膜材料对盐和水的扩散系数差异以及它们在膜内溶解度的区别造成的。孔流模型的假设包括：①膜内部存在压力梯度，水在压力梯度的作用下通过膜；②膜内部的浓度为常数，不存在浓度差。因此孔流模型认为：盐的截留是在膜上表面的界面层通过选择性吸附实现的。

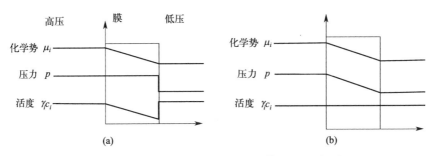

图 3-12　溶解-扩散模型 (a) 和孔流模型 (b) 的对比

分子在反渗透膜内的传质如果符合溶解-扩散模型，则可通过 Fick 定律［式(3-35)］描述，如果符合孔流模型，则可通过 Darcy 定律描述［式(3-36)］。

$$J_w = -D\frac{\Delta C}{L} \tag{3-35}$$

$$J_w = K\frac{\Delta p - \Delta \pi}{L} \tag{3-36}$$

孔流模型和溶解-扩散模型的根本区别在于：膜内部是否存在浓度梯度。根据 Darcy 定律，料液在孔中的传质符合黏性流的性质，因此不具备选择性，浓度为常数。然而 Rosebum 和 Cotton 将 4 片醋酸纤维素膜贴在一起做了反渗透脱盐实验。在实验结束后分别测量 4 片膜内的水浓度，得到了图 3-13 中的水浓度分布曲线。膜内水浓度不是常数且由料液侧向渗透侧下降，实验结果为溶解-扩散模型提供了有力的证据。虽然反渗透膜的透过侧为纯水，料液侧为盐水，但是膜内部料液侧水浓度仍然高于膜的渗透侧。这一现象表明：膜可以被看作一层"海绵"。料液侧的高压将水压入膜表面，而透过侧的水被压出膜，从而形成了水在膜内的浓度差。另一个有趣的现象是：随着压力的升高，膜的料液侧水浓度降低，但是渗透侧的水浓度降低得更显著，可以解释为高压将膜内更多的水分压出。料液侧和高压料液接触，水浓度下降较少；而透过侧被格网和低压的透过侧分开，水分更容易被压出膜表面。

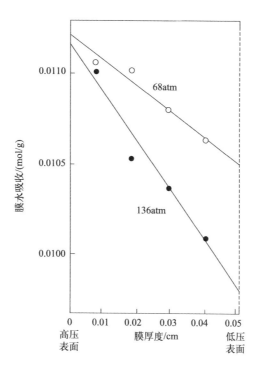

图 3-13　反渗透膜中的水浓度分布[13]

3.5　反渗透膜的制备方法

反渗透膜通常具有三层结构，最下层是聚酯无纺布，中间层是通过相转化法制备的多孔支撑层，最上层是由界面聚合方法制备的致密分离层。关于多孔支撑层的制备方法在第 8 章将做详细介绍。这里仅对制备分离层所用的界面聚合法做简要的说明。界面聚合法的制膜流程如图 3-14 所示，具体制备过程如下：①将支撑层浸入含有氨基单体的水溶液中，随后取出并去除支撑层表面多余的溶液；②将支撑层浸入含有另一种反应物的有机溶液中，此时在界面处发生聚合反应；③将支撑层取出烘干，提高分离层的交联度。由于界面聚合反应具有自抑制作用，分离层的厚度得以控制在较低水平（几十至几百纳米）。同时，又因为分离层具有高交联密度，反渗透复合膜兼备高水通量和高截盐率。近年来，通过向界面聚合层中掺杂纳米颗粒、分子筛、水通道蛋白等，反渗透膜的脱盐性能得到了进一步的提升。

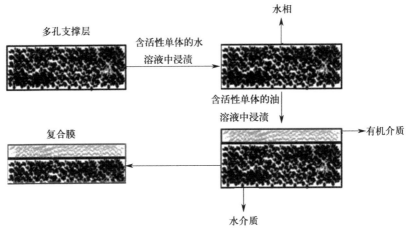

图 3-14　界面聚合法的制膜流程

3.6　纳滤膜

纳滤膜是在反渗透膜的基础上发展的一种新的分离膜。FilmTech 公司在 20 世纪 80 年代开发出截留尺寸在 1nm 左右的高通量复合膜，并根据其截留尺寸定义了纳滤膜的概念。纳滤膜对一价盐的截留率相对较低，但对二价及高价盐的截留率高，并且其水通量远高于传统的反渗透膜。这些特性使纳滤膜适于在较低的压力下运行，有效降低了能耗。纳滤膜的定义是：操作压力在 5~20bar，截留分子量在 200~1000，膜孔径在 0.5~2nm 范围内的膜。基于纳滤膜的低操作压力、对分子量大于 200 的有机物以及盐的高截留性能，纳滤技术已经被广泛应用于水处理、食品工业、药物提纯等工业过程中（如表 3-3 所示）。

表 3-3　纳滤膜的工业应用

应用	渗透	浓缩	优点
乳清	含盐废水	脱盐乳清浓缩物	可以降低盐含量,同时回收乳糖和乳清蛋白
纺织	水	染料	循环利用水和染料
腐蚀性清洁液	腐蚀性清洁液	BOD,COD,悬浮固体,腐蚀性清洁剂	苛性碱溶液被回收利用,从而降低了清洁化学品的成本
酸的回收	酸	BOD,COD,悬浮固体,酸性水	回收利用酸同时降低清洁化学品成本

应用	渗透	浓缩	优点
水处理(软化)	软水	硬水	减少了设备和热交换表面的结垢
抗生素	盐水,药品	脱盐,浓缩抗生素	生产高价值药品

注:COD是水中所有可被氧化的化学物质的总测量值;BOD是细菌在有氧条件下分解有机物将消耗的氧气。

3.6.1　商业纳滤膜的种类

纳滤膜主要应用于水体系和有机溶剂体系,其膜材料可分为有机膜材料、无机膜材料以及有机无机杂化膜材料三类。有机纳滤膜主要采用 L-S 相转化方法或复合膜的制备方法。由 L-S 相转化法制备的膜称为整体式非对称性膜,常用的膜材料包括:醋酸纤维素类、聚酰胺类、聚砜类和聚酰亚胺类等。复合膜主要在超滤膜表面采用界面聚合方法制备。常用界面聚合单体包括:哌嗪、间苯二胺、聚乙烯醇、二酰氯以及三酰氯等。

目前市场上商业化的纳滤膜产品丰富多样,主要有:美国 FilmTech 公司的NF-50、NF-70、NF-40、NF-40HF 膜;日本东丽公司的 UTC-20HF、UTC-60膜;美国 AMT 公司的 ATF-30、ATF-50 膜;日本日东电工公司的 NTR-7400 系列、NTR-7250 系列膜。

3.6.2　描述纳滤过程的模型

类似于反渗透过程,分子在纳滤膜中的传质也可通过孔流模型或溶解-扩散模型描述,这部分不再赘述,仅讨论纳滤膜的电性对传质的影响[10,11]。当离子接近荷电膜时,由于同性电荷排斥,离子传质受限,这种现象称为 Donnan 排斥。当荷电膜与离子溶液处于平衡态时,离子 i 在膜中的化学势 (μ_{im}) 由式(3-37)表达:

$$\mu_{im} = \mu_{im}^0 + RT\ln a_{im} + z_i F\varphi_m \tag{3-37}$$

式中,μ_{im}^0 为组分 i 在膜中的标准化学势;a_{im} 为组分 i 在膜中的活度;z_i 为组分 i 在膜中的化合价;F 为法拉第常数;φ_m 为组分 i 在膜中的电位。离子在溶液中的化学势由式(3-38)描述:

$$\mu_i = \mu_i^0 + RT\ln a_i + z_i F\varphi \tag{3-38}$$

在平衡状态有 $\mu_{im} = \mu_i$,$\mu_{im}^0 = \mu_i^0$。令溶液和膜表面的电位差为 E,则有:

$$E = \varphi_m - \varphi \tag{3-39}$$

式(3-37) 减去式(3-38)，得到：

$$E = \frac{RT}{z_i F} \ln \frac{a_i}{a_{im}} \tag{3-40}$$

对于理想溶液或稀溶液，$a_i \approx c_i$，因此：

$$E = \frac{RT}{z_i F} \ln \frac{c_i}{c_{im}} \tag{3-41}$$

式(3-39) 表明：当膜表面和溶液间存在电位差时，溶液中的离子浓度和膜中的离子浓度不同。例如，$\dfrac{c_i}{c_{im}} = 10$，则 $E = -0.59 \text{mV}$。

Donnan 平衡理论表明：当膜内含有固定电荷时，可以抵消一部分离子溶液的渗透压。例如：当纳滤膜含有磺酸基（SO_3^-），其反离子是 Na^+。在截留 Na_2SO_4 时，尽管对 SO_4^{2-} 有静电排斥，为了保持电中性，Na^+ 和 SO_4^{2-} 仍会扩散到膜内。在溶液和膜的接触处达到热力学平衡，有：

$$\mu_{Na_2SO_4} = \mu_{Na_2SO_4,m} \tag{3-42}$$

因此：

$$a_{Na^+} a_{SO_4^{2-}} = a_{Na^+,m} a_{SO_4^{2-},m} \tag{3-43}$$

对稀溶液体系：

$$C_{Na^+} C_{SO_4^{2-}} = C_{Na^+,m} C_{SO_4^{2-},m} \tag{3-44}$$

为了维持中性，有：$C_{Na^+} = 2C_{SO_4^{2-}}$，$C_{Na^+,m} = 2C_{SO_4^{2-},m} + C_{SO_3^-,m}$。

$$2(C_{SO_4^{2-}})^2 = C_{SO_4^{2-},m}(2C_{SO_4^{2-},m} + C_{SO_3^-,m}) \tag{3-45}$$

$$2(C_{SO_4^{2-},m})^2 + C_{SO_4^{2-},m} C_{SO_3^-,m} = 2(C_{SO_4^{2-}})^2 \tag{3-46}$$

$$C_{SO_4^{2-},m} = \frac{-C_{SO_3^-,m} + \sqrt{(C_{SO_3^-,m})^2 + 16(C_{SO_4^{2-}})^2}}{4} = \frac{2(C_{SO_4^{2-}})^2}{2C_{SO_4^{2-},m} + C_{SO_3^-,m}} \tag{3-47}$$

上式表明：当膜内磺酸基浓度为零时，膜内的 SO_4^{2-} 浓度和溶液中相同；当膜内磺酸基浓度升高时，膜内的 SO_4^{2-} 浓度小于溶液中的浓度。膜对 Na_2SO_4 具有截留性能。

在荷电膜的传质过程中，离子受浓度差和电位差共同作用，离子的传质可通过 Nernst-Plank 方程预测：

$$J_i = c_i v - D_i \frac{dc_i}{dx} + \frac{Fz_i c_i D_i}{RT} \times \frac{dE}{dx} \tag{3-48}$$

式中，$c_i v$ 为对流传质通量，$-D_i \dfrac{dc_i}{dx}$ 为扩散传质通量；$\dfrac{Fz_i c_i D_i}{RT} \times \dfrac{dE}{dx}$ 为电

驱动下的传质通量。

当荷电膜将盐、水溶液分开时，描述电位差和压差的耗散函数：

$$\phi = J\Delta p + I\Delta E \tag{3-49}$$

$$I = L_{11}\Delta p + L_{12}\Delta E \tag{3-50}$$

$$J = L_{21}\Delta p + L_{22}\Delta E \tag{3-51}$$

可见，电位差和压差均可以产生电流和体积流量。根据 Onsager 关系：$L_{12} = L_{21}$。

电流 $I = 0$ 时：$\Delta E = -\dfrac{L_{11}}{L_{12}}\Delta p$，代表压差产生的流动电位。

压差 $\Delta p = 0$ 时：$J = L_{22}\Delta E$，代表电位差引起的传质，称为电渗析。

膜通量 $J = 0$ 时：$\Delta p = -\dfrac{L_{12}}{L_{11}}\Delta E$，代表电位差引起的压差，即电渗压。

电位差 $\Delta E = 0$ 时：$I = \dfrac{L_{12}}{L_{22}}J$，代表由溶剂的传递产生的电流。

3.7　小结

本章深入探讨了渗透压的概念、反渗透技术的发展历史、反渗透过程的热力学模型、反渗透膜的制备技术、纳滤过程和纳滤膜的制备方法。明晰渗透压的概念，是理解反渗透和纳滤技术的基础。通过了解反渗透技术的发展历史，了解反渗透膜在几十年间不断突破技术瓶颈，最终成为水处理领域的重要支柱。希望广大科研工作者能够静下心来，持之以恒地研究一个方向，将研究成果推广到工业应用。实现这一目标，离不开对基本理论的了解。

如本章中介绍的反渗透过程的热力学模型为深入理解反渗透和纳滤机制、优化膜性能提供了理论支撑。此外，纳滤技术作为介于反渗透和超滤之间的一种膜分离技术，具有其独特的应用领域和优势。纳滤膜的制备技术同样丰富多彩，不同纳滤膜可以实现对不同物质的精确分离。

参考文献

[1]　Nobel Lectures，Chemistry 1901—1921. Elsevier，1966.

[2]　Loeb S，Sourirajan S. Saline water conversion-Ⅱ，Copyright，Advances in chemistry series. Amer Chem Soc，1963.

[3]　Cadotte J E. NS-100 membranes for reverse osmosis applications. Eng Ind Feb，1975，97（1）：220-223.

［4］ Hasson D. In memory of Sidney Loeb. Desalination，2010，261（3）：203-372.

［5］ 秘一芳，安全福．界面聚合聚酰胺纳滤膜渗透选择性能优化的研究进展．化工进展，2020，39（6）：2093-2104.

［6］ 曹阳，任玉灵，郭世伟，等，聚酰胺薄层复合膜的界面聚合制备过程调控研究进展．化工进展，2020，3（6）：2125-2134.

［7］ Cadotte J E，Rozelle L T. OSW PB-Report. 1972.

［8］ Cadotte J E. Evolution of composite reverse osmosis membranes. ACS Symposium，1985，269：273-294.

［9］ Mulder M. 膜技术基本原理．2版．北京：清华大学出版社，1999.

［10］ 王湛，王志，高学理．膜分离技术基础．3版．北京：化学工业出版社，2018.

［11］ 贾志谦．膜科学与技术基础．北京：化学工业出版社，2020.

［12］ Wijmans G，Baker R W. The solution-diffusion model：a review. J Membr Sci，1995，107：1-21.

［13］ Rosenbaum S，Cotton O. Steady-state distribution of water in cellulose acetate membrane. J Polym Sci，1969，7：101.

第4章
微孔膜

4.1　引言

　　微孔膜是指孔径在 $0.1 \sim 10 \mu m$ 之间的膜，是最早得到商业化应用的分离膜。目前绝大多数的微滤膜孔径在 $0.1 \sim 1 \mu m$ 范围内，孔径更大的微滤膜比较少见。微滤膜的研究始于 20 世纪，第一个商业化的微滤膜是由德国 Sartorius GmbH 公司在 1925 年推出的硝化纤维素微滤膜。英国、美国等西方国家在第二次世界大战后相继建立了微滤膜生产工厂。1960 年后，随着 L-S 膜制备技术的出现，更多聚合物被制成微滤膜，如：纤维素类（CA）、聚乙烯（PE）、聚丙烯（PP）、聚偏氟乙烯（PVDF）、聚四氟乙烯（PTFE）、聚丙烯腈（PAN）、聚醚砜（PES）、聚碳酸酯（PC）、聚氯乙烯（PVC）等。此外，无机材料也被制成微孔膜，如：陶瓷类、玻璃类、不锈钢。在微滤膜的应用方面，微滤膜装置主要有板框式、管式、中空纤维式和筒式等，操作方式分为静压过滤、加压过滤以及减压过滤。目前，微滤膜已经被广泛应用于食品、药物、化工、水处理以及气体除尘等行业中，展现出其广阔的应用前景和市场潜力。

4.2　微滤膜的传质机理

　　如第 1 章所述，微滤膜的分离机制主要包括表层截留和深层截留（内部吸附）两种机制。表面截留具有三种方式：①尺寸筛分，截留比膜孔大的颗粒；②表面吸附，颗粒被吸附在膜的表面；③架桥截留，颗粒在膜孔上的架桥作用来截留小于膜孔的颗粒。深层截留是指颗粒在膜的内部孔道表面的吸附现象。内部吸附的颗粒，往往需要采用化学清洗方式去除。在微滤操作过程中，料液中污染物的含量是一个关键因素。当料液中污染物的含量较低时（固含量小于 0.1%），采用死端过滤方式。对固含量高的料液，则需要通过错流操作，以抑制滤饼层的增长。

微滤膜在过滤含有固体颗粒的料液时，其水通量会低于纯水通量。造成这一结果的原因有两个：①膜污染使水在膜内的传质阻力升高；②膜表面的浓差极化现象形成的渗透压抵消了部分跨膜压差。如图 4-1 所示，浓差极化现象产生的原因是溶质或颗粒由于膜的截留，在接近膜表面的区域（边界层）的浓度高于料液本体。边界层的厚度较薄，其实际厚度受膜表面的料液流动状态的影响。当溶质在膜的表面积累到一定程度时，边界层内的水渗透压升高，导致传质推动力降低。浓差极化现象不可避免，在反渗透、纳滤、超滤膜的运行过程中，浓差极化的影响更显著。

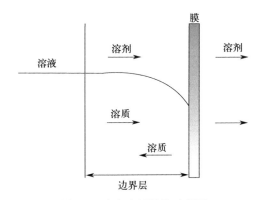

图 4-1　浓度边界层的示意图

对微滤体系，组分 i 的传质通量由式（4-1）表示：

$$Jc_i = Jc_{i,\mathrm{p}} - D_{ji}\frac{\mathrm{d}c_i}{\mathrm{d}z} \tag{4-1}$$

式中，Jc_i 为组分 i 在料液本体中的传质通量，$\mathrm{mol/(m^2 \cdot s)}$；$J$ 为料液的总体积流量；$c_{i,\mathrm{p}}$ 为组分 i 在膜透过侧的浓度（因为膜的截留作用，$c_{i,\mathrm{p}} < c_i$）；D_{ji} 为组分 i 在边界层内的扩散系数。根据边界条件：$c_i = c_{i,\mathrm{M}}(z=0)$，$c_i = c_{i,\mathrm{b}}$（$z=l_\mathrm{b}$，边界层和料液本体的界面处），对式（4-1）积分得到：

$$J = \frac{D_{ji}}{l_\mathrm{b}}\ln\frac{c_{i,\mathrm{M}} - c_{i,\mathrm{p}}}{c_{i,\mathrm{b}} - c_{i,\mathrm{p}}} \tag{4-2}$$

式中，l_b 为边界层的厚度。通过上式求解膜表面的组分 i 浓度：

$$c_{i,\mathrm{M}} = (c_{i,\mathrm{b}} - c_{i,\mathrm{p}})\exp\left(J\frac{l_\mathrm{b}}{D_{ji}}\right) \tag{4-3}$$

令 $\dfrac{l_b}{D_{ji}} = k_{i,b}$，代表质量传质系数。质量传质边界层同时也是浓差极化的边界层，边界层内浓度显著高于料液本体浓度。研究发现：当溶质为大分子时，膜表面的大分子浓度（$c_{i,M}$）是常数。这时总体流量和 $\ln c_{i,b}$ 满足线性关系，截距的值为 $\ln c_{i,M}$。当污染物是颗粒时，体积流量和颗粒浓度不满足以上的函数关系。颗粒的扩散不能用 Fick 扩散描述，而应该用 Stokes-Einstein 关系（单个颗粒的扩散系数与颗粒直径的倒数成正比）。考虑膜表面流体的速度梯度导致的剪切应力对截留物质的影响，进而影响膜通量。Zydney、Belfort、Davis 等人不断发展并总结了剪切诱导扩散模型[1]：

$$J = 0.06\dot{\gamma}_0 \left(\frac{a^4}{L}\right)^{\frac{1}{3}} = 0.072\dot{\gamma}_0 \left(\frac{\phi_w a^4}{\phi_b L}\right)^{\frac{1}{3}} \tag{4-4}$$

式中，$\dot{\gamma}_0$ 为膜的表面剪切率；a 为颗粒半径；L 为膜的孔道长度；ϕ_w 为膜表面的边界层内颗粒体积分数；ϕ_b 为料液本体的颗粒体积分数。该模型适于预测错流微滤，平均粒径在 $0.5 \sim 30\mu m$ 的体系的水通量。

回到浓差极化的一般情况中，质量传质、流体流动和物理性质的关系可通过舍伍德数（$Sh = \dfrac{kd}{D}$）、雷诺数（$Re = \dfrac{\rho v d}{\mu}$）和施密特数（$Sc = \dfrac{\mu}{\rho D}$）关联。其中，$k$ 为质量传质系数，m/s；d 为特性长度。对管中湍流状态有：$Sh = 0.023 Re^{0.8} Sc^{0.33}$。另一个重要的无量纲参数是佩克莱数（$Pe = \dfrac{J}{k}$），是对流和扩散之比。对液相体系的微滤过程，佩克莱数十分重要。对气相体系，由于扩散速度是液相的 10^5 倍，浓差极化现象并不严重。由于 $\dfrac{D_{ji}}{k_{i,b}} = l_b$，当扩散速度低时，边界层厚度小。对于大分子污染物，它们的扩散速度较低，因此形成的边界层（污染层）很薄，相应的浓差极化现象较严重，浓差极化现象会加剧膜污染。微滤过程中的膜污染可分为以下几类：①吸附。当膜材料和溶质或颗粒有相互作用时，颗粒或溶质可以在没有传质的情况下在膜表面形成单层吸附，导致传质阻力提高。如果吸附与浓度正相关，则浓差极化会提高吸附量。②孔堵塞。在过滤过程中，孔被颗粒堵塞导致通量下降。③沉积。颗粒在膜表面层层堆积使传质阻力增大，形成的污染层又称为滤饼层。④凝胶污染。某些大分子在边界层内由于浓差极化形成凝胶并迅速黏附在膜表面。

污染导致传质阻力提高，膜通量下降。为了分析污染与膜通量的关系，首先要建立无污染状态下的纯水通量模型。根据 Darcy 定律，膜通量和跨膜压差的关系如式(4-5) 所示：

$$J = P\Delta p \tag{4-5}$$

式中，P 为渗透率；Δp 为跨膜压差。P值和溶液黏度、膜的结构（孔隙率、孔径分布）有关。当膜的结构被认为是由数个圆球堆叠而成时（陶瓷膜的典型结构），可通过 Carman-Kozeny 方程计算渗透率。当膜孔为孔径一致的毛细管孔时（刻蚀膜的孔径结构），膜通量和跨膜压差可由 Hagen-Poiselle 方程关联。

$$J = \frac{\varepsilon d^2}{32\eta\tau} \times \frac{\Delta p}{l} \tag{4-6}$$

式中，ε 为膜的孔隙率；d 为孔直径；η 为溶液黏度；τ 为孔的曲折度；l 为膜厚度。膜通量和溶液黏度成反比。如果考虑浓差极化带来的渗透压影响，并将与膜结构相关的参数合并为膜的阻力 R_m，则式(4-6) 变为：

$$J = \frac{\Delta p - \Delta \pi}{\eta R_m} \tag{4-7}$$

对纯水传质，$\Delta \pi = 0$。当截留率为 100% 时，渗透压和溶质的浓度关系可由式(4-8) 描述：

$$\pi = aC + bC^2 + dC^3 \tag{4-8}$$

根据式(4-2)，有 $J = \dfrac{1}{k_{i,b}} \ln \dfrac{c_{i,M}}{c_{i,b}}$。在已知料液的本体浓度 $c_{i,b}$ 和质量传质系数 $k_{i,b}$ 后，可通过膜通量计算膜表面的溶质浓度 $c_{i,M}$，并计算渗透压 $\Delta \pi$。当溶液中包含大分子和颗粒时，估算污染引起的渗透压，对于确定实际的传质推动力十分有效。

4.3　膜污染

当微滤膜孔被污染物堵塞时，会导致有效膜面积下降，进而使实验中观测到的膜通量低于理想膜通量。此外，当膜表面形成滤饼层时，滤饼层的传质阻力也会进一步造成膜通量下降。膜污染降低了过滤效率，因此必须采取有效的措施降低膜污染对传质性能的影响。在微滤操作过程中，污染可能使膜通量大幅下降。而膜清洗虽然能够缓解污染问题，却往往会降低膜的使用寿命。

膜污染通常分为四类：①有机沉淀物，如大分子、生物质等；②胶体；③无机沉淀物，如金属氢氧化物、钙盐等；④颗粒物。在实际操作条件下，多种污染物同时出现，并以生物膜的形式沉积在膜表面。膜表面的浓差极化现象使污染物的形成呈现指数级的增长趋势。当膜的通量较低时，浓差极化现象不严重，膜污染问题较轻。提高料液的流速会促进边界层内的质量传质，从而减轻膜污染的程度。管式膜组器的流道面积大，适于高料液流速的实现，因此适用于处理高污染的料液。当料液的流动状态为湍流时，其质量传质系数可较层流状态提高 10 倍，从而减小膜附近的料液浓度和料液本体浓度之间的差距。

对质量传质方程式(4-1)，可以增加静电力项和流体动力学项。式 (4-9) 中的某些项代表使物质远离膜表面的通量，而对流项代表物质流向膜表面。

$$N = Jc - D\frac{\mathrm{d}c}{\mathrm{d}z} + p(\zeta) + q(\tau) \tag{4-9}$$

式中，D 为布朗运动扩散系数；$p(\zeta)$ 为在膜表面和溶质/颗粒表面的相互作用下导致的溶质或颗粒的迁移；$q(\tau)$ 为局部流体动力学对质量传质的影响。当膜表面和溶质/颗粒间存在吸引作用时，$p(\zeta)$ 为正；当膜表面对溶质/颗粒排斥，$p(\zeta)$ 为负。当颗粒在排斥作用下的迁移通量大于其在料液对流传质下的迁移通量时，膜的排斥作用可以有效避免膜污染。使用超滤膜处理电泳涂装生产中产生的油漆废水和微滤膜的油水分离过程时，膜的排斥作用对缓和膜污染起着重要的作用。其中，$q(\tau)$ 主要受截切力的影响，包括侧面迁移和扩散（湍流扩散、剪切诱导扩散）。

根据模型预测，影响污染的因素包括：膜的种类、孔径分布、膜表面性质、溶质的物理化学性质和其在膜表面的浓度。膜组件的结构、料液流速和膜表面的流体动力学特性共同决定了膜表面颗粒浓度的分布。膜污染会导致膜通量的下降或操作压力的升高，对膜分离性能产生不利影响。但在特殊的场合下，当需要实现特定溶质的透过时，需要对膜的孔径分布进行调整，以满足特定的分离要求。

微滤膜的污染控制可分为直接法和间接法。直接法是指通过在膜表面的湍流、震动或旋转的方式来降低膜污染。1990 年，出现了一种震动剪切增强技术（图 4-2），在处理高颗粒浓度的料液时展现出了优异的耐污染性能。在此技术中，当料液缓慢流过膜片时，在平行于膜片方向上使膜剧烈震动，使膜表面的料液呈现剪切流动状态。剪切流使沉降在膜表面的颗粒脱落并被料液带走。在震动增强剪切的操作模式下，膜通量接近纯水通量水平，是常规错流操作通量的 3～10 倍[2]。

间接降低污染的方法之一是选择合适的操作模式，如错流或死端过滤结合周期性的反洗。对高污染体系，错流方式因其优异的抗污染性能而成为必然选择。对于饮用水处理，通过死端过滤可以节约能耗。其他间接处理方法包括对料液或膜进行预处理，其目的是防止膜表面吸附污染物。

间歇性膜清洗也是控制污染的常用方法，可以减少原地清洗（cleaning-in-place）频率。在膜的工业应用过程中，膜清洗分为两种方式：常规维护和恢复性维护。适当的常规清洗可以避免过度清洗。反洗通过改变流体在膜中的传质方

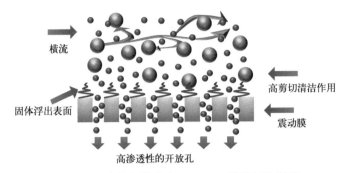

横流

高剪切清洁作用

固体浮出表面

震动膜

高渗透性的开放孔

图 4-2　震动剪切增强法（VSEP）降低污染沉积

向，可以驱除大部分吸附在膜表面的污染物，使膜通量恢复到较高的水平。为了维持稳定的膜通量，需要周期性的反洗处理。因此膜组件在反洗过程中需要维持稳定的膜结构，以确保清洗效果。超滤和微滤的死端操作过程中，通常集成了周期性反洗工艺。当反洗液中含有少量（ppm 级别）的清洗剂（如次氯酸钠）时，被称为化学增强反洗，主要用于清洗膜孔。在实际操作中，为了更有效地消除或削弱膜污染，需要结合多种方法进行综合处理。常见间歇性反洗和化学清洗对应的膜通量对比如图 4-3 所示。通常针对新的应用，通过中试装置估算污染速度、优化膜清洗方法是至关重要的。

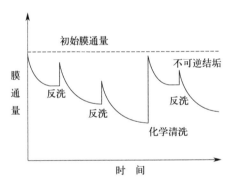

初始膜通量

不可逆结垢

膜通量

反洗

反洗

反洗

化学清洗

时　间

图 4-3　间歇性反洗和化学清洗对应的膜通量

4.4　微滤膜污染模型

膜污染会导致膜通量减少或操作压力（TMP）升高。研究污染对过滤性能的影响包括以下几方面：①膜通量和操作压力的关系；②膜通量和运行时间的关系。膜表面的污染和膜孔内的污染对以上两个关系的影响方式不同。因此将不同形式的污染对应的传质阻力以不同的参数表示，如式（4-10）。

$$J = \frac{\Delta P - \Delta \pi}{\mu (R_m + R_{ads} + R_{rev} + R_{ir})} \tag{4-10}$$

式中，R_m 为膜自身的阻力。R_{ads} 为膜表面或孔吸附造成的传质阻力，它与传质通量无关。R_{ads} 可通过将膜在无通量的条件下（控制过膜压差为 0）与料液接触一段时间（几小时），然后测量已知 TMP 下的纯水通量，通过比较无污染状态下的传质阻力（R_m）和吸附污染条件下的传质阻力（$R_m + R_{ads}$），可以估算吸附污染阻力 R_{ads}。通过比较不同接触时间下的 R_{ads}，可以推测处于饱和吸附状态下的阻力。其他两个阻力值随着过滤的进行而增长。R_{rev} 为仅存在于过滤含污染物的料液时的阻力。一旦料液变为纯溶剂，R_{rev} 下降为 0。不可逆的阻力 R_{ir}，指仅能通过膜清洗去除的污染物带来的传质阻力。

通过对阻力的细化可以区分与压力和传质通量相关的阻力（R_{rev}，R_{ir}）及无关的阻力（R_m，R_{ads}）。在研究污染机理时，引入了临界通量（J_{cs}）概念。临界通量指随着 TMP 的增加，通量和压力的曲线开始偏离线性关系。如果忽略渗透压的影响，有如下关系：

当 $J < J_{cs}$：

$$J = \frac{\Delta P}{\mu (R_m + R_{ads})} \tag{4-11}$$

当 $J > J_{cs}$：

$$J = \frac{\Delta P}{\mu [R_m + R_{ads} + (R_{rev} + R_{ir})]} \tag{4-12}$$

在超滤过程中，理想状态下传质行为和微滤过程类似，但要加入由浓差极化导致的渗透压对传质的影响。

$$J_{ideal} = \frac{\Delta P - \Delta \pi}{\mu R_m} \tag{4-13}$$

$$J_{actual} = \frac{\Delta P - \Delta \pi}{\mu (R_m - R_f)} \tag{4-14}$$

理想状态下的通量计算方法仅适用于膜通量充分低的条件。对临界通量的最简单的定义是膜污染出现时对应的膜通量。对一切压力驱动的膜过程，临界通量是设计时要考虑的因素。

当膜在恒定的压力条件下操作时，式（4-14）表明，当 R_f 随时间增加会导致膜通量的下降。一般情况下，膜通量在初始条件下会迅速下降，而后慢速下降，最终趋于平稳。这是因为随着膜的体积流量的下降，溶质和颗粒流向膜表面的速度下降，使膜污染层的积累速度变慢。当颗粒的沉积速率和污染层的剥离速率达到动态平衡时，膜通量将趋于稳定，膜通量不再随着时间下降。在实际操作中，应该避免较高的起始膜通量，因为这会造成过量的污染物流向膜表面，并迅速形成较厚的滤饼层。如果维持固定的膜通量，膜污染会造成操作压力的增加。操作压力的增长速度或者是线性的，或者是随时间而幂次上升的。一般来说，操作压力随时间的变化曲线在初始时刻的斜率最大，而后迅速减小。这个阶段表明料液中的颗粒部分堵塞了膜孔。在经历了膜清洗后，部分膜通量没有恢复，表明清洗过程去除了可逆污染物（R_{rev}），而不可逆污染物（R_{ir}）仍然存在。

多孔膜的污染可能存在四种情况：①完全孔堵塞；②内部孔堵塞；③部分孔堵塞；④滤饼层过滤。膜通量和过滤时间的关系由式(4-15)表示：

$$\frac{\mathrm{d}J}{\mathrm{d}t} = -kJ^{3-n} \tag{4-15}$$

可见，随着 n 的减小，通量的下降速度增快。当 J 变小后，J^{3-n} 项的下降速度更快，从而使通量趋于稳定。$n=2$ 时，颗粒大于等于孔径，可以完全堵塞膜孔。这时通量与时间的关系为：

$$J = J_0 \exp(-k_b t) \tag{4-16}$$

通量随时间迅速下降，并趋近于 0。

$n=1.5$，颗粒比孔小，进入膜内部被孔壁吸附。$n=0$，代表膜表面形成滤饼层，污染物既没有堵塞膜孔也没有进入膜孔。$n=1$，部分膜孔被颗粒堵塞或在孔上部形成架桥。当 $n \neq 2$，并且不存在错流时，通量和污染之间的关系由式(4-17)描述。

$$J = J_0 \left[1 + k(2-n)(AJ_0)^{2-n} t \right]^{\frac{1}{n-2}} \tag{4-17}$$

4.5 利用污染模型指导超滤膜、微滤膜操作条件设计

在各种膜污染的类型中，内部孔堵塞最难清洗。选择合适的膜孔径分布，避免内部孔堵塞是维持稳定膜性能的关键。构建污染模型、分析膜通量随时间的变化规律，推算式(4-15)中的 n 值，可以指导膜结构（特别是孔径分布）的优化设计。当 n 值等于 1.5 时，说明通量下降的主要原因是内部孔堵塞。可见通过计算 n 值，可以解释某些膜的耐污染性能优于其他膜的原因。尽管孔径大的膜虽然初始通量高，但在实际应用中通量迅速降低，甚至低于小孔径的膜，这种情况常见于微滤膜。例如，在生物分离邻域，$0.2\mu m$ 的微滤膜比 $0.5\mu m$ 的微滤膜应用更为广泛，因为后者的内部孔堵塞问题更严重。

在 1970 年代，膜分离在汽车喷漆废液中油漆颗粒的回收方面取得成功，可以截留油漆胶体的微滤膜孔径在 $0.01 \sim 1\mu m$ 范围内。当膜孔径为 $0.01\mu m$ 时，其截留范围接近超滤膜规范要求的截留分子量范围边界，即 MWCO＝50000。微

滤、超滤膜的两大应用是饮用水处理和废水处理。在饮用水处理中，采用超滤膜，而在废水处理中采用膜生物反应器技术。这些系统将生物处理和膜分离结合，从生化池中截留细菌、病毒，使处理后的渗出液可以回用。在好氧处理过程中，曝气产生的气泡有助于促进膜表面流体的剪切运动。很多公司（如 Kubota、GE 等）重点研究膜通量在近临界通量时膜操作参数随时间的变化（临界通量模型）。很多文献建议微滤、超滤膜的通量应该略高于临界通量，以便使膜在温和的污染状态下运行。Kubota 的超滤膜系统在 30kPa 下运行时，其通量为 $0.5m^3/(m^2 \cdot d)$，处于亚临界通量状态。但在料液污染物含量高、需要提高通量或 TMP 的情况下，膜污染问题会显现。例如，在 70kPa 时，膜的初始通量为 $1.05m^3/(m^2 \cdot d)$，并逐渐下降到 $0.94m^3/(m^2 \cdot d)$。当操作条件从过临界通量状态恢复到初始通量，TMP 的初始值比 70kPa 提高了三分之一。当部分污染物被移除后，膜的 TMP 下降至 35kPa。

微滤膜的运行参数和实际分离体系息息相关。膜的污染、清洗和过程设计密不可分。分析膜污染行为对膜过程设计具有重要指导作用。随着膜价格的降低，在临界通量附近操作膜分离过程越来越具备可行性。合理的膜过程设计可以延长膜寿命、降低清洗强度、减少对环境的影响。

4.6 微孔膜在其他领域的应用

4.6.1 微孔疏水膜在透气防水衣物上的应用

以聚乙烯（PE）、聚丙烯（PP）等疏水聚合物通过熔融拉伸方法制备的微孔膜，其表面的疏水性质可以截留液态水，同时允许水蒸气透过[3]。Gore-Tex 公司开发了 PE 疏水微孔膜，并将 PE 膜集成于多层织物中获得了防水且透气的材料。如图 4-4 所示，利用这种材料加工的手套、冲锋衣及鞋类，不仅可以防水，同时确保了良好的透气性，极大提高了服装的舒适性。在欧洲地区，每年有超过 3 百万件外套和 1 千万双鞋使用了这种材料制作。

4.6.2 微孔疏水膜在锂电池中的应用

Celgard 公司生产的聚丙烯（PP）、聚乙烯（PE）微孔膜具有卓越的力学性能，且化学性质稳定，适于做锂电池的隔膜。Celgard 公司开发的三层膜已经成为可充电锂电池隔膜的行业标准。含有 Celgard 膜的锂电池已经被广泛应用在笔

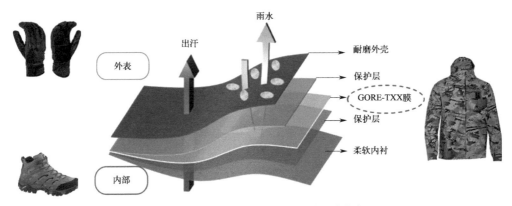

图 4-4　透气防水穿戴材料中用到的膜技术

记本电脑、移动电话、数码相机、新能源汽车等产品中。如图 4-5 所示，微孔膜将正、负电极分隔开，从而避免电极短路。与此同时，锂离子可以随着电解液的流动，穿过膜孔在正负电极间移动，完成充电或放电的电化学反应。

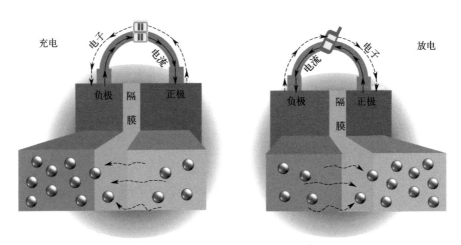

图 4-5　PP 微孔膜作为锂离子电池的电极隔膜[4]

4.6.3　微孔疏水膜在液体脱气中的应用

Liqui-Cel 公司制造了聚丙烯中空纤维微孔膜。如图 4-6 所示，膜的疏水性使水溶液不能浸润膜孔。在中空纤维的内部施加吹扫气或真空时，溶液中的氧气将溢出并扩散至膜的内部。依据这种原理，中空纤维膜接触器可以从水或其他液体中分离氧气、空气、二氧化碳、硫化氢等易挥发气体。半导体行业为了避免水中的氧气氧化电子元件，需要将水脱氧至低于 5×10^{-12}，总有机物（TOC）含量

低于 0.1×10^{-12}。高纯水经过膜接触器的脱气处理，可以满足这一要求。此外，油墨工业也采用膜接触器对油墨脱泡处理，去除可溶性气体。近年来，膜接触器也被用于吸收天然气和烟道气中的二氧化碳。与传统的吸收塔设备相比，膜接触器因其高装填密度减少了设备的占地面积。

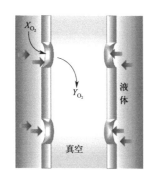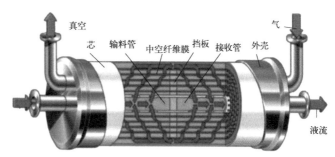

图 4-6 膜接触器用于水溶液脱气[5]

4.6.4 微孔疏水膜用于制造人工肺

中空纤维微孔疏水膜（聚丙烯膜）可用于制造呼吸机（人工肺）。其原理如图 4-7 所示，空气经过加热后与血液分别在中空纤维疏水膜的两侧接触。在此过程中，血液中的 CO_2 与空气中的 O_2 进行有效交换，模拟了人体肺部的功能。用于人工肺的膜接触器需要有优异的生物相容性、血液相容性，以保证在长时间使用过程中不对人体产生不良反应。同时，高疏水性、高填充密度能确保气体交换的高效进行，而高比表面积则进一步提升了气体交换的速率和效率。在新冠疫情期间，人工肺为挽救患者的生命起到了重要的作用。

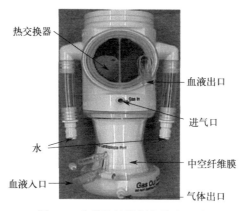

图 4-7 由膜接触器制备的人工肺

4.7 熔融-拉伸纺丝工艺

前一节介绍的聚丙烯、聚乙烯疏水微孔膜是采用熔融-拉伸方法制备的。以 Celgard 公司的聚丙烯膜为例，其表面形貌如图 4-8 所示，可见其孔径形状为细长型，且贯穿膜的断面。因此熔融-拉伸膜具有对称的结构，与洛布-索力拉金膜的非对称结构不同。

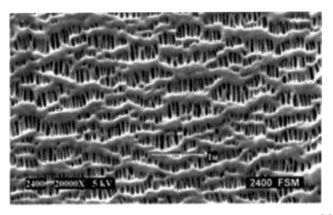

图 4-8　Celgard 膜（聚丙烯，Duragard 2400）的表面形貌照片[6]

如图 4-9 所示，熔融-拉伸工艺包括以下几个步骤：①聚合物在料液中加热至熔融状态，随后经齿轮泵挤出至纺丝头，形成中空纤维胶体。经过冷空气吹扫，中空纤维胶体固化。②初生的中空纤维经退火处理。③退火处理后的中空纤维经过冷拉伸处理。④热拉伸处理。⑤退火处理。目前熔融-拉伸工艺主要分为三种类型：①熔融挤出-退火-冷拉伸-退火定型；②熔融挤出-退火-热拉伸-退火定型；③熔融挤出-退火-冷拉伸-热拉伸-退火定型。第 3 种类型是应用最广泛的工艺。下面对流程中各个步骤加以介绍。

（1）退火

退火的目的是提高聚丙烯中空纤维的结晶度，聚丙烯中空纤维在拉伸作用下形成孔结构的原理见图 4-10。在退火过程中，纤维内部会形成大量垂直于纤维轴方向且平行排列的片晶结构。在拉伸条件下，这种片晶结构会发生片晶分离现象，在片晶之间会形成微孔结构。实验证据表明，随着退火时间的增加，聚丙烯的结晶度和晶体尺寸都会呈现出上升趋势。

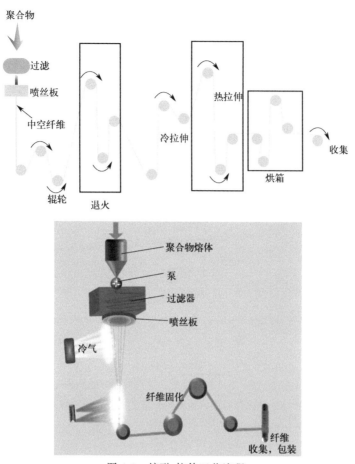

图 4-9　熔融-拉伸工艺流程

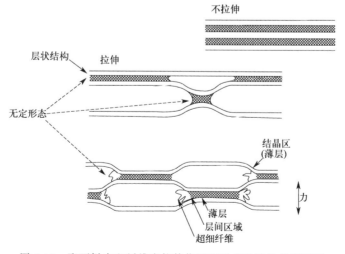

图 4-10　聚丙烯中空纤维在拉伸作用下形成孔结构的原理图

（2）冷拉伸

冷拉伸的目的是将聚丙烯膜中无定形区域的聚合物链分开，形成孔结构。如图 4-11（a）所示，随着纤维应变的增加，卷曲的聚合物链逐渐舒展并最终分开，形成间隙。冷拉伸在较低的温度下进行，由于聚合物链的运动能力受限，因此应变率较低。如图 4-11（b）所示，当应变增长率为 50％时，聚丙烯膜的表层呈现条纹状形貌。根据这一形貌特征，可以判断垂直于条纹的方向为拉伸方向。在当前的扫描电子显微镜照片中，尚未观察到明显的孔结构。

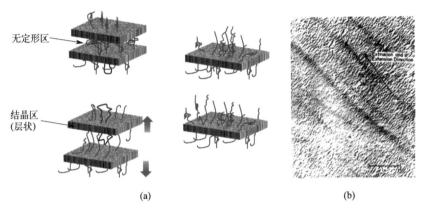

图 4-11　（a）半结晶聚合物在受到拉伸时的结构变化；
（b）冷拉伸后聚丙烯膜的扫描电子显微镜图像

（3）热拉伸

高温状态下聚合物分子链有更高的柔性，易于产生更高的形变。如图 4-12 所示，随着拉伸程度的增加，无定形区域产生的孔进一步扩大，在电镜照片上呈现多孔结构，膜的孔隙率提高。

（4）退火定型

如图 4-13 所示，经过热定型处理后，聚丙烯中空纤维未拉伸部分（结晶区域）的厚度增加。这说明在退火过程中聚丙烯膜的结晶度增强，结晶层厚度的增加使聚丙烯中空纤维的弹性形变（可恢复形变）区域增大。与未经过热定型处理的聚丙烯中空纤维相比，经过 30 次拉伸循环后热定型处理聚丙烯中空纤维，其形变恢复率显著提高。这充分说明聚丙烯中空纤维的结构稳定性在热定型处理后增强了，稳定了聚丙烯中空纤维的孔结构。

（5）纺丝温度对聚丙烯中空纤维弹性恢复率的影响

图 4-14（a）展示了纺丝温度为 230℃、280℃和 320℃时，聚丙烯中空纤维弹性恢复率的变化情况。随着纺丝温度的上升，中空纤维的弹性恢复率逐渐下降，说明中空纤维的结构稳定性下降。根据中空纤维的 X 射线散射图，当纺丝温度较

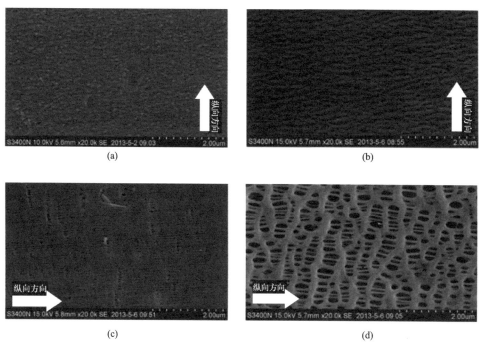

图 4-12　前驱体膜（a）、退火处理的膜（b）、冷拉伸膜（c）、
热拉伸膜（d）的扫描电子显微镜图像[7]

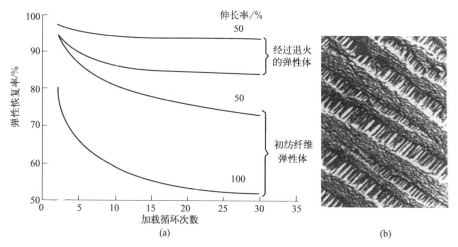

图 4-13　（a）热处理和未热处理的聚丙烯中空纤维的弹性恢复率；
（b）热处理后聚丙烯中空纤维的层间厚度增加[8]

低时中空纤维的散射强度增加，对应较高的结晶度。因此，低温纺丝可以提高聚丙烯中空纤维的结晶度，进而提高其弹性恢复率。这个结论和热定型的结果相吻合。较低的纺丝温度使初生的聚丙烯中空纤维胶体温度低，接近其凝固点。在冷空气的吹扫过程中结晶速度加快，结晶度提高。

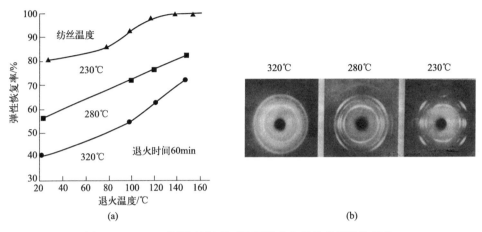

图 4-14　（a）不同纺丝温度下聚丙烯中空纤维的弹性恢复率；
（b）不同纺丝温度下聚丙烯中空纤维的 X 射线散射（WAXR）图

4.8　小结

　　本章首先介绍了微滤膜的传质模型，这些模型不仅有助于理解微滤膜在工作过程中的传输机制，而且为优化微滤膜的分离性能提供了理论支持。其次，本章介绍了利用污染模型指导超滤膜、微滤膜的操作条件的方法。再次，本章介绍了微孔膜在除水处理领域外的其他领域应用情况，包括透气防水衣物、锂电池、液体脱气、人工肺等。最后，本章对熔融-拉伸的制膜方法和制膜条件对膜结构的影响机制进行了深入探讨。通过了解熔融-拉伸工艺，有助于明晰微孔膜的结构调控方法，而且为制备高性能的微孔膜提供了重要的理论依据和实践指导。

参考文献

［1］　Belfort G，Davis R H，Zydney A L. The behavior of suspensions and macromolecular solutions in crossflow microfiltration. J Membr Sci，1994，96：1-58.

［2］　New logic research，Inc. -Tehnology. http：//www.vsep. com/technology/index. html.

［3］　Sprague B S. Relationship of structure and morphology to properties of "hard" elastic fibers and films. Macromol Sci Phys B，1973，8（1）：157-187.

[4]　Arora P，Zhang Z. Battery separators. Chem Rev，2004，104：4419-4462.

[5]　Chadni M，Moussa M，Athès V，et al. Membrane contactors-assisted liquid-liquid extraction of bio-molecules from biorefinery liquid streams：A case study on organic acids. Sep Purif Technol，2023，317：123927.

[6]　Xu R J，Lei C，Cai Q，et al. Micropore formation process during stretching of polypropylene casting precursor film. Plast Rubber Compos，2014，43（8）：257-263.

[7]　Lei C H，Xu R J. Melt-stretching polyolefin microporous membrane. Springer，2017.

[8]　Photo courtesy of Dr I Hay.

第5章
气体分离膜

5.1　引言

　　气体在聚合物中的传质行为的研究始于 1829 年[1]，Graham 将干瘪的猪膀胱放进 CO_2 气体环境中，观测到猪膀胱发生膨胀。证明气体可以通过扩散的方式穿过聚合物。1831 年，Mitchell 进行了一系列气球实验，其中填充了 10 种不同的气体。通过比较这些气球收缩的速度，他发现填充 CO_2 的气球收缩速度最快。通过这组实验得到两个结论：①不同气体在橡胶气球中的传质速度不同；②CO_2 气体在聚合物中的溶解度高，导致其传质速度最快。在进行了多次气体传质实验后，Graham 在 1866 年提出了描述气体传质的溶解-扩散模型，并将气体在橡胶中传质的过程类比成气体在液态无孔材料中的扩散方式。150 余年后的今天，溶解-扩散模型仍然是分析气体在聚合物中传质行为的首选模型。通过归纳气体在橡胶膜中的传质现象，可以得出以下结论：①气体的传质速度随膜厚度的减小而增大；②不同气体之间的传质速度比，即"选择性"，在传质过程中保持不变。Graham 还提出，随着温度的升高，气体的渗透性（permeability）提高，溶解性（solubility）下降。由于观测到氧气在橡胶中的传质速度高于氮气，Graham 提出用橡胶膜提纯氧气的可行性。在提出用膜法分离气体概念的 100 多年后，Permea 公司研发了用于氢气分离的 Prism 膜。

　　为了达成商业化的目标，需要提高气体分离膜的通量和选择性。因此制备大面积无缺陷的膜片和设计具有高比表面积的膜组器，是气体分离膜走向产业化的关键。在此过程中，洛布-索力拉金于 1961 年发明制备非对称性膜的方法及 1980 年 Henis 和 Tripodi 发明的硅橡胶修复气体分离膜表面缺陷的方法，均被视为气体膜工业化发展历程中的两个里程碑事件[2,3]。近 30 年来，伴随着材料科学、制造技术和工程应用技术的革新，气体分离膜的工业领域应用越来越广泛。据 2001 年的报告显示，气体分离膜的年销售额约在 1.5 亿～2.3 亿美元之间，年增长率为 15%。目前气体分离膜的应用主要包括四个方面：①空气分离，占市场份额的 50%；②蒸汽回收，占市场份额的 13%；③天然气/CO_2 分离，占市场份额的 20%；④氢气回收，占市场份额的 17%[4]。

5.2　气体在膜中的传质机理

流体的传质以扩散（diffusion）和/或对流（convective flow）两种形式发生。气体在致密膜中的传质多为扩散而不是对流。扩散是指分子在微观尺度上的热运动，不具有方向性。当气体分子在某方向上受到压力、浓度、温度、电场等外部因素的影响时，会形成化学势梯度，使得扩散具有沿化学势梯度由高向低的方向性。对流是宏观的传质行为，表现为在压力差下的强制对流（forced convection）或密度差下的自然对流（natural convection）。当分子以对流方式传质时，认为发生的是动量传质（momentum transport），因为流体的组分在摩尔分数上未发生变化。气体分离的目标是使气体混合物的摩尔组成发生变化，因此研究的对象是气体的扩散行为。值得注意的是，当从气体中截留颗粒物时发生的传质行为依然是动量传质，因为颗粒物的摩尔浓度近似为零，可认为没有发生组成的变化。

膜的分离性能建立在膜对混合物中不同组分的选择性透过能力上。设计高分离性能的膜材料需要掌握材料结构对气体传质性能的影响机理。气体分离膜的模型一般将膜看作有孔（porous）或无孔（non-porous）的分离介质，下面将简单介绍气体分子在有孔膜和无孔膜中的传质模型。

5.2.1　努森扩散

如图 5-1 所示，构成努森扩散的条件是气体分子与孔壁的碰撞频率远高于与其他气体分子的碰撞频率。需要气体分子的平均自由程（在遇到其他气体分子前，气体分子可以行走的平均距离）远大于膜的平均孔径（>100 倍）。分子与孔壁碰撞后吸附在孔壁表面，然后释放并改变运动方向。努森扩散假设在吸附过程中，分子所有动能都被孔壁吸收，其以前的运动方向和解吸后的运动方向无关，分子离开孔壁的运动方向是随机的。努森流和努森扩散在很多场合都是混用的，但严格意义，努森流指在压力梯度下的自由分子传质，努森扩散指在浓度梯度下的自由分子传质。考虑在压力梯度下的努森传质情况，组分 i 的推动力可由式（5-1）计算。

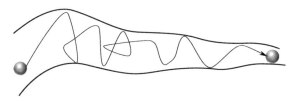

图 5-1　努森扩散传质模型

$$\nabla p_i = x_i \nabla p + p \nabla x_i \tag{5-1}$$

式（5-1）右侧第一项代表压力推动力，第二项代表浓度差作用下的传质推动力。当膜两侧压力差为 0 时，浓度差也可以推动扩散。有效努森扩散系数（$D_{K,e}$）考虑了膜孔的曲折性（τ_K）对扩散的影响。它和在无限长圆柱状孔内的努森扩散系数 $[D_K(\bar{r})]$ 之间关系如式（5-2）。

$$D_{K,e} = \frac{\varepsilon_a D_K(\bar{r})}{\tau_K} \tag{5-2}$$

式中，ε_a 为可以发生扩散的孔（开孔）的孔隙率；$\bar{r}$ 为膜中与圆筒形孔相当的孔半径，由式（5-3）描述。

$$\bar{r} = \frac{2\varepsilon_a}{S_a} \tag{5-3}$$

式中，S_a 为可以提供努森扩散的比表面积。在无限长圆筒形孔内的努森扩散系数和孔半径与气体分子的平均热运动速度（$\bar{u}$）之间的关系由式（5-4）表示：

$$D_K(\bar{r}) = \frac{2}{3}\bar{r}\,\bar{u} \tag{5-4}$$

平均热运动速度可由式（5-5）计算：

$$\bar{u} = \sqrt{\frac{8RT}{\pi M_W}} \tag{5-5}$$

由此可见，有效努森扩散系数（$D_{K,e}$）与 $\sqrt{\dfrac{T}{M_W}}$ 成正比。当混合气体以努森扩散的形式经过膜时，气体选择性等于它们的分子量比的平方根的倒数。如 O_2 的分子量是 32，N_2 的分子量是 28，它们的努森扩散选择性是：$\alpha_{O_2/N_2} = \sqrt{\dfrac{28}{32}} = 0.935$。

5.2.2　本体扩散

本体扩散指气体分子在扩散过程中主要和其他气体分子发生碰撞，这时孔的尺寸远大于努森扩散的孔尺寸，约为分子平均自由程的 100 倍。有效本体扩散系数可由式（5-6）描述：

$$D_{B,e} = \frac{\varepsilon_a D_m}{\tau_B} \tag{5-6}$$

式中，D_m 为分子在没有孔壁时的扩散系数；τ_B 为本体扩散的曲折性。$\tau_B \neq \tau_K$，因为膜孔在本体扩散区和努森扩散区对气体扩散的阻碍作用不同。处于本体扩散的膜过程对气体混合物没有选择性。

5.2.3　黏性流

当传质过程的推动力为压力差，且混合气体中各组分的传质速度和其摩尔分数与压力梯度成正比时，这种传质行为属于黏性流，黏性流传质模型见图 5-2。当气体分子的平均自由程远小于孔直径时，连续性假设是合理的。经典的 Stokes，Navier-Stokes 或可压缩性流体的守恒方程（conservation equation）可以用于描述气体在空穴中的传质行为。由于孔结构的复杂性，直接对全孔径范围内的分子传质积分十分困难。采用 Dacy 定律或其他唯象方程描述气体传质行为则十分方便。这时传质效率正比于膜两侧的压力差，反比于气体的黏性（$J = D_a \frac{\nabla p}{\mu}$）。达西扩散系数（$D_a$）与孔隙率、孔的曲折度、膜厚度有关。处于黏性流状态下的膜结构不具有选择性。

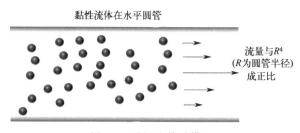

黏性流体在水平圆管

流量与 R^4
（R 为圆管半径）
成正比

图 5-2　黏性流传质模型

5.2.4　表面扩散

气体分子会吸附在膜表面随后脱附，在此过程中完成扩散。在特定的温度、压力和孔径范围内，表面扩散是气体分子的主要传质方式。由于测量或计算在膜表面附近的气体分子浓度十分困难，可以用吸附等温曲线估算膜表面的气体分子浓度（用表面浓度代替本体浓度），并计算表面扩散通量。这使得组分 i 的表面扩散通量和本体的浓度梯度成正比，比例系数是表面等温吸附曲线的斜率（膜材料的表面溶解度系数）与有效表面扩散系数的乘积。有效表面扩散系数可以通过表面扩散系数、膜的比表面积、孔曲折度、孔隙率计算。表面扩散行为可通过分子模拟方法计算或通过唯象方程将表面扩散系数加入气相传质系数中讨论。表面扩散系数（D_i）和自扩散系数（$D_{s,i}$）的关系可由式(5-7)关联。

$$D_i = D_{s,i} \left(\frac{\partial \ln f_i}{\partial \ln c_i} \right) \tag{5-7}$$

表面扩散系数反映气体分子在孔内的迁移活性，是分子在单位时间内的方均根位移。表面扩散系数小于自扩散系数，它反映了孔内气体分子的浓度梯度对扩散的负面影响。f_i 和 c_i 为单位体积的多孔媒介中气体 i 的活度和浓度。

5.2.5 分子筛

如图 5-3 所示，当膜的孔径处于混合气体组分的分子尺寸中间范围时，分子筛分的机制将处于主导地位并体现出极高的选择性。分子筛膜（通常为无机膜或碳膜）的孔径通常小于 0.5nm，其气体选择性往往大于 10。如果分子筛膜的孔径分布较宽，其筛分效率会显著下降。因此，分子筛膜的研究重点在于如何精确控制孔径分布，但会造成孔隙率下降、通量降低。反之，如果降低分子筛膜结构的刚性，传质速度会提高，但筛分效果则减弱。Koros、Lee 等[5-7] 研究团队发表了一系列的论文，研究提升分子筛膜的传质性能。但由于较高的制备价格和膜的脆性仍然限制了分子筛膜的工业应用。南京工业大学开发了基于管式或中空纤维陶瓷膜的分子筛气体分离膜，并做了中试规模的应用研究。

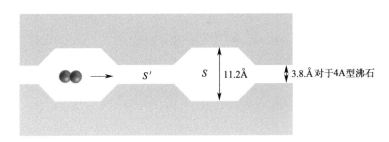

图 5-3 气体分子在分子筛中的传质

5.2.6 气体在致密无孔聚合物膜中的传质模型

气体在致密聚合物膜中的传质行为可以通过溶解-扩散模型解释。该模型将气体分子在膜中的传质过程描述为三个过程。当气体在压力梯度下透过膜时，气体分子首先溶解在膜的上表面，然后在浓度梯度下从膜的上表面扩散到下表面，最后在膜的下表面（透过侧）完成解吸，实现跨膜传质。溶解-扩散模型认为溶解的速度远大于扩散速度，气体分子在膜内的各个位置达到溶解平衡，因此扩散速度是气体在膜内传质的决定性因素。根据溶解-扩散模型，膜材料对气体分子的传质性能可通过式(5-8) 计算。

$$P = DS \tag{5-8}$$

式中，P、D、S 分别为气体的渗透性、溶解度系数和扩散系数。渗透性 P 的单位是 Barrer，其物理意义是在膜两侧压力差为 1cm Hg，膜面积为 $1cm^2$，膜厚度为 1cm 时，每秒透过膜的气体在标准状态下（0℃，1atm）的体积。由于聚合物膜的气体渗透性较低，定义了 Barrer 这个单位 $[1Barrer = 1 \times 10^{-10} cm^3 (stp)$ $cm/(cm\ Hg \cdot cm^2 \cdot s)]$。一些文献中也采用 Pascal、mol 等公制单位定义渗透性，它们和 Barrer 的单位可以换算。式(5-9) 给出了换算公式。

$$1Barrer = \frac{1 \times 10^{-10}\ cm^3(stp)cm}{cm^2 \cdot s \cdot cm\ Hg} = \frac{1 \times 10^{-10}\ cm^3(stp)cm}{cm^2 \cdot s \times 1333.224Pa} = 7.5 \times 10^{-14}\ \frac{cm^3(stp)cm}{cm^2 \cdot s \cdot Pa} \tag{5-9}$$

式(5-8) 表明，气体在聚合物膜中的传质受到其溶解性和扩散性的影响。气体分子的扩散性能受到气体分子的大小、聚合物链的柔性以及聚合物的自由体积与自由体积分布的影响。其中气体分子的大小可以由其动力学直径（kinetic diameter）描述。气体分子的动力学直径代表沸石分子筛（zeolite）可以吸附气体分子的最小孔径。它表明分子的有效渗透尺寸。常见气体分子的动力学直径见表 5-1。对非球形的气体分子，动力学直径代表分子通过调整自身的方向后可以进入孔的最小尺寸。

表 5-1　常见气体分子的动力学直径

分子	He	H$_2$	NO	CO$_2$	O$_2$	N$_2$	CO
动力学直径/Å	2.6	2.89	3.17	3.3	3.46	3.64	3.76
分子	CH$_4$	C$_2$H$_4$	Xe	C$_3$H$_8$	CF$_2$Cl$_2$	C$_3$H$_6$	CF$_4$
动力学直径/Å	3.8	3.9	3.96	4.3	4.4	4.5	4.7

另一种表征气体分子大小的参数是莱纳德琼斯（Lennard-Jones）碰撞直径。图 5-4(a) 给出了分子的势能函数 φ 随距离（r）的变化。势能函数描述两个球形、非极性分子之间的相互作用；σ 为两个分子之间的碰撞直径；ε 为两个分子之间吸引力最大时的势能，反映两个分子之间吸引力的最高值，对应的距离为 r_m。式(5-10) 在计算非极性分子之间的势能时比较准确。

$$\varphi(r) = 4\varepsilon\left[\left(\frac{\sigma}{r}\right)^{12} - \left(\frac{\sigma}{r}\right)^{6}\right] \tag{5-10}$$

图 5-4(b) 给出了莱纳德琼斯碰撞直径的示意图,可见莱纳德琼斯半径的物理意义是两个分子发生碰撞时质心的距离。当两个分子相同时,就是该分子的碰撞直径。根据式(5-10) 和图 5-4(a) 可知,这时莱纳德琼斯势能为 0。根据莱纳德琼斯的模型假设,气体分子被认为是球形的,这与动力学直径的定义不同。此外,莱纳德琼斯势能描述了气体分子间的相互作用大小,因此可以用于预测气体分子的临界温度。临界温度代表气体分子可以液化的最高温度,气体分子的相互作用越大,其吸引力在最高点时越显著,越容易在较高的温度下液化,因此导致临界温度升高。如表 5-2 所示,随着气体分子量的增大,其相互作用增强,导致临界温度相应升高。在非极性分子中,CO_2 中的氧原子电负性强,使得分子间的范德华力作用显著,因此相互作用大,临界温度较高。由于 CO_2 分子的溶解性较高、分子的动力学半径较小,其渗透性远高于 O_2、N_2 和 CH_4。

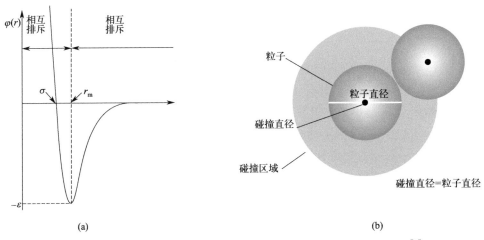

(a)   (b)

图 5-4 分子的莱纳德琼斯势能函数 (a) 和莱纳德琼斯碰撞直径 (b)[8]

表 5-2 气体分子的分子量、莱纳德琼斯参数和临界温度

气体	分子量(M)	莱纳德琼斯参数		临界温度 T_c/K
		σ/Å	ε/K	
H_2	2.016	2.915	38.0	33.3
He	4.003	2.576	10.2	5.26
Ne	20.183	2.789	5.7	44.5
Ar	39.944	3.418	124	151

续表

气体	分子量(M)	莱纳德琼斯参数		临界温度 T_c/K
		$\sigma/\text{Å}$	ε/K	
Kr	83.80	3.498	225	209.4
Xe	131.3	4.055	229	289.8
空气	28.97	3.617	97.0	132
N_2	28.02	3.681	91.5	126.2
O_2	32.00	3.433	113	154.4
CO	28.01	3.590	110	133
CO_2	44.01	3.996	190	304.2
CH_4	16.04	3.822	137	190.7
C_2H_2	26.04	4.221	185	309.5
C_2H_4	28.05	4.232	205	282.4
C_2H_6	30.07	4.428	230	305.4
C_3H_6	42.08	—	—	365.0
C_3H_8	44.09	5.061	254	370

表 5-3 给出了常见气体分子的莱纳德琼斯直径和动力学直径。对球形和接近球形的分子（H_2、He、Ne、Ar、Kr、Xe、N_2、O_2），两者的区别小于 0.04Å。然而对非对称分子如 CO_2，两者的差别达到 0.6Å。根据 CO_2 的分子形状，它的长轴和短轴的差异很大，因此其动力学直径远小于其莱纳德琼斯碰撞直径。

表 5-3　常见气体分子的动力学直径和莱纳德琼斯碰撞直径的对比

分子	He	H_2	NO	CO_2	O_2	N_2	CO
动力学直径/Å	2.6	2.89	3.17	3.3	3.46	3.64	3.76
莱纳德琼斯碰撞直径/Å	2.576	2.915	3.470	3.996	3.433	3.681	3.590
分子	CH_4	C_2H_4	Xc	C_3H_8	CF_2Cl_2	C_3H_6	CF_4
动力学直径/Å	3.8	3.9	3.96	4.3	4.4	4.5	4.7
莱纳德琼斯碰撞直径/Å	3.822	4.232	4.055	5.061	4.950	—	4.970

如前所述，气体分子在膜中的扩散受到气体分子大小的影响。为了研究分子尺寸对扩散性能的影响，研究者测量了不同气体分子在聚合物中的扩散系数，并将其与分子的尺寸关联。如图 5-5 所示，随着气体分子的直径增加，其扩散系数下降，说明聚合物的分子筛分作用使大分子的扩散速度低于小分子。然而气体在

橡胶态聚合物中的扩散系数大于在玻璃态中的值，并且大、小分子之间的扩散系数的差异在玻璃态聚合物中远高于在橡胶态中。这一结果表明，玻璃态聚合物的分子筛分作用更明显。这是由于处于玻璃态的聚合物链硬度高，气体分子从中扩散需要更高的活化能，因此气体分子在玻璃态聚合物中的扩散系数小。而这种高活化能的要求使得大分子在扩散过程中需要克服更高的能量壁垒，从而提高了气体分子在玻璃态聚合物中的扩散选择性。值得注意的是，在近 20 年来出现的自聚微孔聚合物有更高的自由体积，气体在这类玻璃态聚合物中的扩散系数超过了很多橡胶态聚合物。

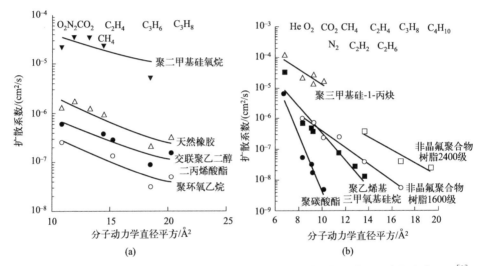

图 5-5　气体在橡胶态聚合物（a）和玻璃态聚合物中的扩散性能随分子尺寸的变化（b）[9]

在图 5-5（b）中，不同气体分子在聚（4-乙烯吡啶）中的扩散系数和气体的动力学直径展现出显著的线性关系，只有 CO_2 分子和线性关系有较大的偏差。这是由于 CO_2 分子的动力学直径和莱纳德琼斯直径有较大的差异。为了更准确地描述气体分子在聚（4-乙烯吡啶）中的扩散行为，进一步采用了几何平均方法。如图 5-6 所示，当取气体分子直径的几何平均值后（即动力学直径和莱纳德琼斯直径的乘积开方），气体扩散系数的指数值和分子直径的几何平均值之间有很好的线性关系。这一结果充分表明，几何平均方法可以很好地体现气体分子的几何形状对气体扩散的影响规律。

前文指出，气体分子在聚合物中的溶解性和气体分子的可凝结性（condensability）、聚合物的自由体积、聚合物和气体分子的相互作用大小有关。气体分子的可凝结性反映气体分子之间相互作用的大小，因此它直接对应气体分子的莱纳德琼斯力的常数（ε）的大小。由于莱纳德琼斯势能和其临界温度正相关，因

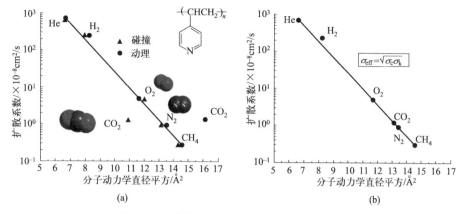

图 5-6 气体扩散系数和分子直径之间的关系

此气体分子的临界温度越高，表明其可凝结性越强，进而在聚合物中的溶解度越高。如图 5-7 所示，在指数坐标下，气体分子在聚（4-乙烯吡啶）中的溶解度和其莱纳德琼斯力的常数或临界温度线性正相关。

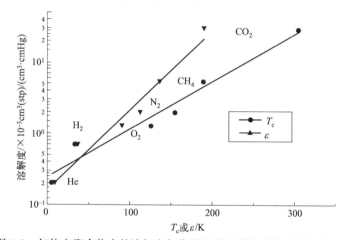

图 5-7 气体在聚合物中的溶解度与临界温度及莱纳德琼斯常数的关系

5.3 气体分子在致密聚合物中的扩散

根据溶解-扩散模型，气体分子在聚合物中以扩散的形式传质。聚合物被认为是无孔的，那么怎么理解气体分子的传质过程呢？学者提出了基于自由体积概念的随机行走（random walking）模型。如图 5-8 所示，聚合物可以视为由许多绳状的聚合物链相互缠绕构成的。当气体分子溶解于聚合物中时，在某个局部会出现气体分子（图中小球）镶嵌在聚合物链的团簇中的情况。由于聚合物链处于热运动中，在某个时刻包含气体分子的聚合物团会因为吸收能量而舒展开。这时在气体分子周围出现一个较大的缺陷，这一状态被称为活化态，而诱导这个缺陷产生的能量被称为扩散活化能。在这个活化态的缺陷内，气体分子将发生随机的扩散。当气体分子由缺陷左侧扩散到右侧时，如果缺陷塌陷，气体分子在膜中的位置会随之变化。根据溶解-扩散模型的假设，在聚合物膜的内部，气体分子从料液侧到透过侧存在浓度梯度，气体分子由高浓度侧向低浓度侧扩散的概率高于反向扩散的概率。因此气体分子将整体向低浓度侧扩散。随机行走模型解释了分子在致密无孔的聚合物中扩散的原因，也为解释水分子在反渗透膜中的传质提供了有力的理论支撑。分子在致密膜中的传质究竟是在致密无孔部分扩散还是通过在膜内固有的孔道传质一直存在争议。随着测试技术的提高，纳米级的孔道已经能被观察到。然而笔者认为，聚合物链始终处于热运动的状态下，分子链内部或之间存在不完美堆积导致的自由体积空穴，而这些空穴由于聚合物链的运动将不断消亡或形成。随机行走模型符合分子和聚合物链热运动的本质。电子显微镜观察到的孔代表聚合物中较稳定的空穴，这些空穴很可能是相互不连通的。分子在固有微孔之间的传质还是要通过不稳定的自由体积空穴完成。在后文中提到的双模传质模型将对这两种自由体积对扩散的贡献做进一步的介绍。

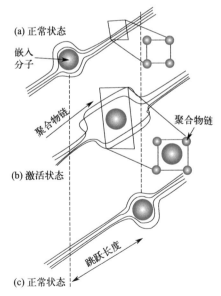

图 5-8　气体分子在聚合物中的随机行走模型

　　根据随机行走理论并用艾林（Eyring）活化能理论估算扩散跳跃的频率，扩散系数可以通过式（5-11）计算。

$$D=\lambda^2\frac{kT}{h}\exp\left(\frac{S_d}{R}\right)\exp\left(-\frac{H_d}{RT}\right)=\lambda^2\frac{kT}{h}\exp\left(\frac{S_d}{R}\right)\exp\left(-\frac{E_d+RT}{RT}\right) \quad (5\text{-}11)$$

$$=e\lambda^2\frac{kT}{h}\exp\left(\frac{S_d}{R}\right)\exp\left(-\frac{E_d}{RT}\right)$$

式中，H_d 为分子在发生扩散跳跃时激发态（activated state）和基态（ground state）之间的偏摩尔焓的差异；S_d 为分子在发生扩散跳跃时激发态（activated state）和基态（ground state）之间的偏摩尔熵的差异；T 为热力学温度；R 为气体常数；λ 为平均跳跃长度；k 为玻尔兹曼常数；h 为普朗克常数。当用阿伦尼乌斯关系描述扩散系数和温度的关系时，可通过式（5-12）表达：

$$D=D_0\exp\left(-\frac{E_d}{RT}\right) \quad (5\text{-}12)$$

式中，D_0 为指前因子；E_d 为表观扩散活化能。将式（5-11）和式（5-12）结合，得到：

$$e\lambda^2\frac{kT}{h}\exp\left(\frac{S_d}{R}\right)\exp\left(-\frac{E_d}{RT}\right)=D_0\exp\left(-\frac{E_d}{RT}\right) \quad (5\text{-}13)$$

因此，D_0 受到 S_d 和 λ 的影响。S_d 是熵变，它和气体分子的几何形状有关，λ 为激发态时的自由体积大小，和聚合物的分子结构、链柔性相关。分子链柔性越大，激发态时对应的自由体积越大，扩散系数越大。同时，气体分子的几何体积越小，其熵值越大，扩散系数越大。

5.4　气体分子在玻璃态和橡胶态聚合物中的扩散规律

根据前文介绍，气体分子在聚合物中的渗透性通常随着分子尺寸的增加而呈指数级下降。这是由于气体的扩散速度随着分子尺寸增加而降低。如图 5-9 所示，这一规律在玻璃态聚合物聚醚酰胺中得到了验证。然而，在天然橡胶中，大分子渗透物如乙烯、乙烷、丙烯、丙烷、丁烯、丁烷和戊烷，其渗透性随着分子尺寸的增加而上升。这种优先渗透大分子的膜被称为反向选择性膜。这种优先大分子渗透的现象表明，气体分子的渗透性不仅仅由渗透分子的尺寸决定。如图 5-10 所示，在天然橡胶中，气体分子的溶解度系数随着气体分子的范德华摩尔体积增加而迅速升高，戊烷的溶解度系数是氮气的 30 倍以上。图 5-10（b）表明氮气的扩散系数仅仅比戊烷高几倍。根据式（5-8），溶解度系数和扩散系数的乘积为气体的渗透性，因此天然橡胶呈现出反向选择的特性。

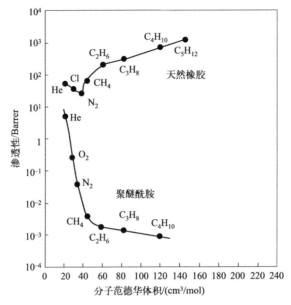

图 5-9　气体分子在天然橡胶（聚异戊二烯）和聚醚酰胺中渗透性和
分子范德华体积的关系[10]

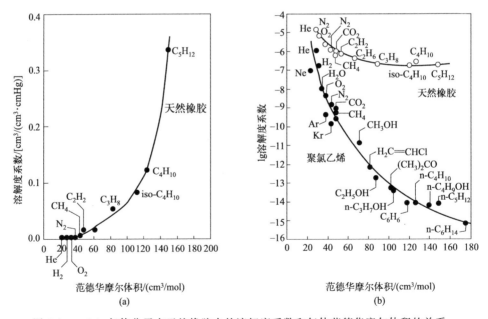

(a)　　　　　　　　　　(b)

图 5-10　（a）气体分子在天然橡胶中的溶解度系数和气体范德华摩尔体积的关系；
（b）气体分子在聚氯乙烯和天然橡胶中的溶解度系数与气体范德华摩尔体积的关系[10]

描述膜材料分离性能的指标主要有两个：气体的渗透性和选择性。气体渗透性由式(5-8) 计算，而选择性（α）是通过气体渗透性的比值来定义的，如式(5-14) 所示，式中下标 A 代表渗透速度快的气体，α_D 和 α_S 分别代表扩散选择性和溶解选择性。尺寸小的气体分子通常扩散速度快，而溶解选择性往往倾向于冷凝性较强的气体分子。因此，大分子气体通常具有较好的溶解性但扩散速度慢，而小分子气体则溶解性较差但扩散速度快。在膜材料的设计过程中，如果需要优先渗透小分子，如从甲烷中分离氢气或从空气中分离氧气，需要强化扩散选择性。因此可以选择玻璃态聚合物这种分子筛分效应强的材料。如果需要优先渗透大分子，如在易挥发组分气体回收过程中，则需要选择橡胶态聚合物。橡胶态聚合物的分子柔性好、分子筛分效应弱、扩散选择性较小。因此，当溶解选择性高时，这类膜材料将优先允许大分子通过[11]。

$$\alpha = \frac{P_A}{P_B} = \frac{D_A}{D_B} \times \frac{S_A}{S_B} = \alpha_D \alpha_S \tag{5-14}$$

5.5　气体分子在橡胶态和玻璃态聚合物中的扩散模型

前文介绍了气体分子在聚合物中的随机行走模型。这里介绍将这一模型应用在橡胶态和玻璃态聚合物中的区别。

如图 5-11 所示，橡胶态聚合物可以视为具有高分子量的聚合物溶液。它们可以快速调整较长的聚合物链段（＞0.5～1nm），从而产生新的空间结构（和可供渗透物跳跃的空间。被吸附的气体分子在橡胶态聚合物中的扩散速度远超过聚合物链段的运动速度。小分子在橡胶态聚合物中的扩散速度取决于聚合物链形成容许分子跳跃的新的缺陷的速度。当之前容纳渗透分子的空间塌陷后，渗透物分子被限制在新的位置上。

图 5-11　聚合物中产生使渗透物跳跃的空间，随后空间塌陷将渗透物限制在另一个位置的过程示意图

为了更好地理解橡胶态聚合物的链运动，以聚烯烃聚合物（聚异戊二烯）为例进行分析。如图 5-12 所示，聚异戊二烯主链中，双键位置不能旋转，单键的

位置可以自由转动。这种情况下的主链链段运动是包含 4 个或 5 个碳原子的曲轴运动。对含二烯结构的其他碳氢聚合物，聚合物链段的运动同样会牵扯到多个重复单元。并且这种涉及多个重复单元的链段运动在全部聚合物链运动中占据主导地位，对气体分子的扩散起到决定性作用。可以发生扩散的气体分子的尺寸需要显著小于聚合物的运动单元，因此，气体分子的扩散系数随着其尺寸的增加呈现稳定的下降趋势。

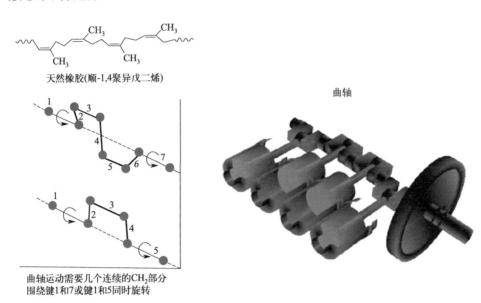

图 5-12　橡胶态聚合物链段的曲轴运动

（1）气体分子在玻璃态聚合物中的传质

玻璃态聚合物和橡胶态聚合物在力学性能上有显著的差异，尤其是在聚合物链的微观运动的尺度上表现出明显的不同。橡胶态聚合物可被视为高分子溶液，可以迅速发生大范围聚合物链段的空间结构（构型）变化，类似于汽车发动机的曲轴运动。然而，玻璃态聚合物的链柔性差，主链发生扭转运动的可能性被严重抑制。对聚合物来说，链段扭转运动的幅度和频率随温度升高而提高，并在温度升至玻璃态转变温度时，这些运动迅速增强，直至转变为橡胶态材料中较长链段的绕轴旋转运动。当聚合物的温度远低于其玻璃化转变温度时，聚合物链段发生运动的频率远低于橡胶态聚合物。如图 5-13 所示，玻璃态聚合物链的运动主要是扭转摆动，而不是扭动旋转。这使玻璃态聚合物产生大空穴的概率大大下降，使得大分子的扩散变得更困难。因此，大、小分子之间的扩散速度差异及扩散选择性在玻璃态聚合物中得到了显著提高。

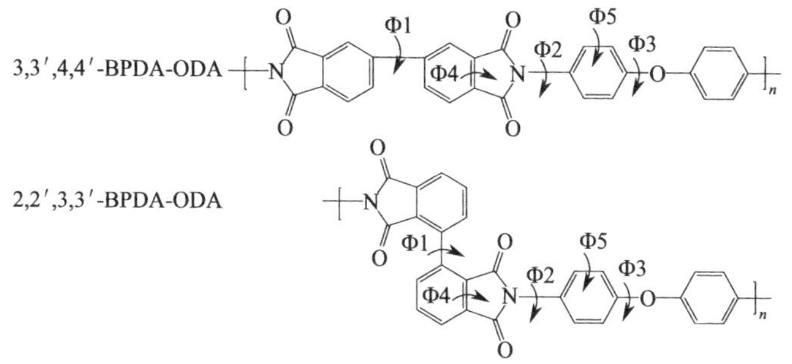

图 5-13　玻璃态聚合物链的扭转摆动

（2）聚合物的自由体积概念

气体在聚合物中的扩散与分子的大小、聚合物链的柔性以及聚合物的自由体积相关。前面介绍了气体分子大小和链柔性对分子扩散的影响机理。这里将进一步介绍聚合物自由体积对扩散的影响规律。自由体积指聚合物中没有被分子链占据的体积。热胀冷缩现象的本质是聚合物的自由体积随着温度升高而提高。如图 5-14 所示，聚合物随着温度的变化体现出三态两区的特点。在固体状态下，聚合物分子链高度缠绕。在温度远低于玻璃化转变温度时（A 区域），分子链几乎无运动，聚合物表现出类似玻璃的特性，表现出一定的脆性，其弹性模量通常在 $10^4 \sim 10^{11}$ Pa 的范围内。在玻璃态转变温度附近（B 区域），虽然整个分子无法运动，但较长的链段开始运动，模量下降 3~4 个数量级，此时聚合物行为与皮革类似。在橡胶弹性区域（C 区域），链段运动激化，但分子链间无滑移。受力后能产生可以恢复的大形变，称之为高弹态，是聚合物特有的力学状态。此时模量进一步降低，聚合物表现出橡胶行为。在黏流转变区域（D 区域），分子链重心开始出现相对位移，模量再次急速下降。聚合物既呈现橡胶弹性，又呈现流动性。对应的温度 T_f 称为黏流温度。在黏流态（E 区域），大分子链受外力作用时发生位移，且无法恢复，流变行为与小分子液体类似。

当聚合物的温度逐渐下降时，其分子链的运动频率逐渐下降，分子链间的堆积密度逐渐增加，导致聚合物的密度逐渐增加且自由体积下降。在温度高于玻璃化转变温度时，分子链可以发生自由旋转，有利于分子链间的致密堆积，聚合物很容易达到热力学平衡态。此时，聚合物的自由体积等于热力学平衡态时的自由体积，且自由体积和温度变化满足线性关系。然而，当温度低于玻璃化转变温度后，聚合物链段的转动受限，只能发生局部的扭转震动，这使得聚合物链之间很难通过调整构型形成完美堆积。这种情况类似于在一个空房间中堆积椅子，当堆满椅子后，由于椅子固定的形状，单个椅子内部以及不同椅子间存在大量空间。这些空间被描述为玻璃态聚合物中由于没有达到热力学平衡态而形成的非平衡自由体积（图 5-14）。

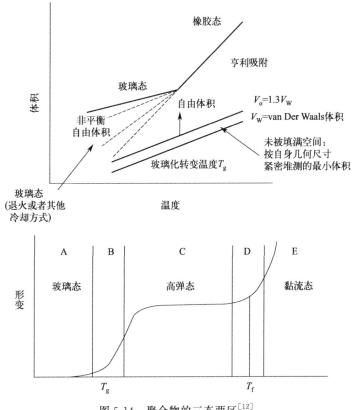

图 5-14 聚合物的三态两区[12]

由此可见，玻璃态聚合物由于其热力学不平衡状态存在两种自由体积：平衡态自由体积（Henry free volume）和不平衡态自由体积（Langmuir free volume）。平衡态自由体积可通过测量聚合物在高于玻璃化转变温度区域随温度变化的自由体积线性外推得到。非平衡态自由体积可通过测量聚合物的表观密度得到其表观体积后，减去其平衡态自由体积得到。

自由体积概念对理解气体在聚合物中的传质尤为重要，因为渗透物必然是经聚合物分子链之间的自由体积实现扩散的。自由体积的计算公式为式(5-15)：

$$V_f = V - V_0 \tag{5-15}$$

式中，V 为聚合物的表观体积（specific volume），等于 $\dfrac{1}{\rho}$；V_0 为聚合物的占有体积（occupied volume），$V_0 = 1.3V_W$；V_W 为聚合物的范德华摩尔体积。自由体积分数（fractional free volume，FFV）通过式(5-16)计算：

$$\mathrm{FFV} = \frac{V - V_0}{V} \tag{5-16}$$

研究者将甲烷气体在不同聚合物中的渗透性与其自由体积关联，发现两者之间满足对数的线性关系（图 5-15）。式(5-17) 和式(5-18) 给出了渗透性和自由体积之间的关系式。由此可见，估算聚合物的自由体积可以很好地预测气体在聚合物中的渗透率。设计高通量的聚合物材料的思路之一是提高聚合物链的硬度和曲折性，进而增加聚合物的自由体积。

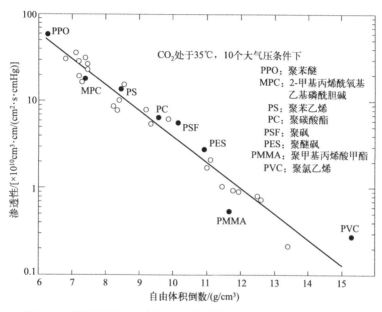

图 5-15　甲烷气体在聚合物中的渗透性与聚合物自由体积的关系

$$P = A_1 \exp\left(-\frac{B_1}{\mathrm{FFV}}\right) \tag{5-17}$$

$$\ln P = \ln A_1 - \frac{B_1}{\mathrm{FFV}} \tag{5-18}$$

5.6　气体在聚合物中的吸附模型

根据聚合物的自由体积理论，玻璃态聚合物中存在两种类型的自由体积。其中，亨利自由体积属于平衡态自由体积，其特性使得气体分子溶解在聚合物中的溶解过程类似于溶解在溶液中，且这一溶解过程遵循 Henry 定律。气体分子吸附到非平衡态自由体积的过程相当于表面吸附或孔填充的过程，这部分吸附通常用 Langmuir（朗缪尔）吸附模型描述。亨利吸附的溶解度（C_D）和气体压力（p）的关系为 $C_D = K_d p$，K_d 为亨利系数。Langmuir 吸附的溶解度（C_H，H 代表吸附发生在孔中）和气体压力（p）的关系为：$C_H = \dfrac{C'_H bp}{1+bp}$。$C'_H$ 为 Langmuir 型吸附的吸附容量，b 为气体分子对 Langmuir 自由体积的亲和度，$b = \dfrac{吸附速率常数}{脱附速率常数}$。双模吸附理论（图 5-16）认为气体分子在玻璃态聚合物的吸附由亨利吸附和 Langmuir 吸附组成，气体溶解度与压力的关系由式(5-19)描述：

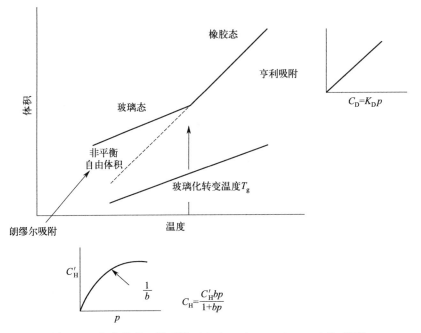

图 5-16　聚合物的双模吸附（dual-mode sorption model）模型

$$C = K_D p + \frac{C'_H bp}{1+bp} \tag{5-19}$$

式中，K_D 为亨利系数；C'_H 为 Langmuir 饱和吸附常数；b 为 Langmuir 亲和常数。

溶解度系数 S 可由式(5-20)计算。式(5-20)表明，气体在玻璃态聚合物中的溶解度系数（S）随着压力的升高而降低并最终趋近于常数 K_D，如图 5-17 所示。

$$S = \frac{C}{P} = K_D + \frac{C'_H b}{1+bp} \tag{5-20}$$

图 5-18 展示了玻璃态聚合物的微观结构示意图，可见聚合物链通过折叠排

列形成了多个球形的结点。在这些结点内部，聚合物链的堆积达到了热力学平衡状态，气体在这里发生的吸附遵循亨利吸附机制。而在结点之间的部分为非平衡态自由体积，在这个位置的吸附符合 Langmuir 吸附模型。

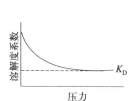

图 5-17　玻璃态聚合物中气体分子
的溶解度系数（S）随压力的变化

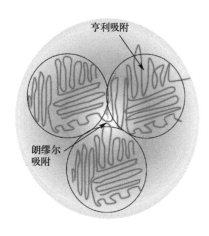

图 5-18　玻璃态聚合物中的
Henry 和 Langmuir 型吸附区域

橡胶态聚合物的分子堆积处于平衡态，使得气体分子在橡胶态聚合物中的吸附类似于在溶液中的溶解过程。为了观察气体在聚合物中的吸附等温曲线随聚合物由玻璃态向橡胶态转变的过程中的变化，研究者观测了 CO_2 在聚对苯二甲酸乙二醇酯中的吸附等温线在温度由 25℃ 升高到 115℃ 的变化。如图 5-19 所示，

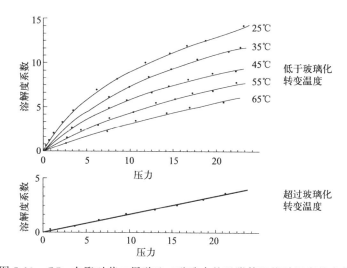

图 5-19　CO_2 在聚对苯二甲酸乙二醇酯中的吸附等温线随温度的变化

在温度低于聚对苯二甲酸乙二醇酯的玻璃化转变温度（90℃）时，吸附等温线呈现由低压下的凸型转变为高压下的线性。这一变化是由于在低压下的吸附由 Henry 吸附和 Langmuir 吸附组成。随着压力的升高，Langmuir 吸附达到饱和，$C/p = K_D$，吸附等温线变为线性。当温度逐渐升高，聚对苯二甲酸乙二醇酯链柔性提高，聚合物的堆积状态向平衡态转变并释放非平衡自由体积，等温吸附曲线逐渐向线性过渡。当聚对苯二甲酸乙二醇酯的温度高于其玻璃化转变温度后，聚对苯二甲酸乙二醇酯处于橡胶态。这时的吸附等温线完全变为线性，符合 Henry 吸附的特点。

5.7 气体分离膜的基本传质方程

气体分离膜的研究可分为两部分：膜材料的本征分离性能和分离膜的表观分离性能。评价膜材料的气体分离性能可通过测量气体在膜中的渗透性和选择性。渗透性和选择性的计算公式为式(5-8) 和式(5-14)。评价分离膜的性能可通过测量气体在分离膜中的渗透率和选择性。由于工业化的气体分离膜都具有非对称结构，研究者关注的性能是单位膜面积在单位推动力下的气体传质性能，如图 5-20所示。不考虑膜厚度的前提下，气体传质性能称为渗透率，由式(5-21) 计算。

图 5-20 气体分离膜的渗透性和渗透率（$\bar{P}$）

$$\bar{P} = \frac{Q}{\Delta p A} \tag{5-21}$$

渗透率的单位是 GPU，$1\text{GPU} = \dfrac{1 \times 10^{-6}\ \text{cm}^3\ (\text{stp})}{\text{cm}^2 \cdot \text{cmHg} \cdot \text{s}}$。可见渗透率＝渗透性/膜厚。随着膜厚减少，膜的渗透率增加。在非对称膜的制备过程中，减少分离层的厚度可以显著增加气体分离膜的渗透率。因此气体分离膜的研究重点可以相应分为两个部分：①开发渗透性和选择性高的膜材料；②优化非对称性膜的制备工艺，加工分离层薄且无缺陷的非对称性膜。

气体在膜中的渗透行为可以用 Fick 定律描述，如式(5-22)。$\dfrac{dC}{dx}$ 代表膜内局部的浓度梯度。

$$N = -D(C)\frac{\mathrm{d}C}{\mathrm{d}x} \tag{5-22}$$

在气体传质达到稳定状态时，对式(5-22)两边积分得到式(5-23)。

$$\int_0^l N\,\mathrm{d}x = -\int_{C_2}^{C_1} D(C)\,\mathrm{d}C \tag{5-23}$$

式中，l 为膜的厚度；C_1、C_2 为气体分子在膜上游、下游侧的浓度。根据连续性方程，通量 N 是常数。因此有：

$$Nl = -\int_{C_2}^{C_1} D(C)\,\mathrm{d}C \tag{5-24}$$

$$N = \frac{-\displaystyle\int_{C_2}^{C_1} D(C)\,\mathrm{d}C}{l} = \frac{-\displaystyle\int_{C_2}^{C_1} D(C)\,\mathrm{d}C}{(C_2 - C_1)} \times \frac{(C_2 - C_1)}{l} \tag{5-25}$$

定义膜内部的平均扩散系数为：$D_{avg} = \dfrac{-\displaystyle\int_{C_2}^{C_1} D(C)\,\mathrm{d}C}{(C_2 - C_1)}$。

当膜为橡胶态聚合物时，气体溶解度满足亨利定律，有 $C = Sp$，代入式(5-25)，得到：

$$N = D_{avg} S \frac{\Delta p}{l} \tag{5-26}$$

定义渗透性：$P = DS$，有 $N = P\dfrac{\Delta p}{l}$。

当膜为玻璃态聚合物时，$N = D_{avg}\dfrac{C_2 - C_1}{l} = D_{avg}\dfrac{S_2 p_2 - S_1 p_1}{l}$，$S_2 \neq S_1$。

当膜的下游侧处于真空状态时，$C_1 \approx 0$。

$$N = D_{avg}\frac{C_2}{l} = D_{avg}\frac{S_2 p_2}{l} = D_{avg} S_2 \frac{\Delta p}{l} \tag{5-27}$$

式中，S_2 为在气体压力为 p_2 时，气体在膜中的溶解度系数。根据渗透性的定义 $P = DS$，可以推导得到式(5-27)。综上所述，通过 Fick 定律描述气体在膜中的传质行为，可以发现渗透通量 N 和膜两侧的压力梯度 $\dfrac{\Delta p}{l}$ 呈正相关。描述其相关性的参数为渗透性 $P = DS$，也是衡量膜材料的内在传质速度的参数。不同种气体之间纯气体渗透性的比值代表膜的理想分离性能，定义为理想选择性 α，由式(5-14)计算。不同气体之间的实际选择性是膜在分离混合气体时的分离性能，由式(5-28)计算：

$$\alpha = \frac{y_A / y_B}{x_A / x_B} \tag{5-28}$$

式中，y_A、y_B、x_A、x_B 为气体 A 和 B 组分在膜的透过侧、进料侧的摩尔分数。计算气体选择性以快速传质气体为分子、慢速传质气体为分母，因此理想选择性大于 1。如表 5-4 所示，大多数气体对的扩散选择性大于 1，表明小分子的扩散速度大于大分子。但这个规律对 CO_2/O_2 和 CO_2/N_2 不总是成立的。其原因为当气体分子之间的尺寸接近时，细微的分子形状差异对扩散速度存在影响，一般性的规律为：在玻璃态聚合物聚砜中的扩散选择性大于在橡胶态聚合物聚二甲基硅氧烷和天然橡胶中的扩散选择性，进而使玻璃态聚合物对气体的选择性高于橡胶态聚合物。气体分子的动力学直径见表 5-5。

表 5-4 典型气体对在聚二甲基硅亚烷、天然橡胶、聚砜中的理想选择性、
溶解选择性和扩散选择性

选择性	P_A/P_B	S_A/S_B	D_A/D_B	$T/℃$
聚二甲基硅氧烷				
O_2/N_2	2.0	1.6	1.3	35
CO_2/O_2	4.9	3.4	1.4	35
CO_2/N_2	7.4	8.1	0.91	35
CO_2/CH_4	3.1	2.9	1.1	35
天然橡胶				
O_2/N_2	2.9	2.0	1.4	25
CO_2/O_2	5.6	8.0	1.4	25
CO_2/N_2	16	16	1.0	25
CO_2/CH_4	4.5	3.6	1.2	25
聚砜				
O_2/N_2	5.6	1.6	3.5	35
CO_2/O_2	4.0	8.8	0.45	35
CO_2/N_2	22	14	1.6	35
CO_2/CH_4	22	3.7	5.9	35

表 5-5 气体分子的动力学直径

分子名称	He	H_2	NO	CO_2	O_2	N_2	CO	CH_4
动力学直径/Å	2.6	2.89	3.17	3.3	3.46	3.64	3.76	3.8

5.8 膜材料的气体传质性能的实验表征方法

为了评价膜材料的气体分离性能，需要测定气体在膜中的渗透性、溶解性和扩散性能。根据渗透性 P 的定义，测得任意两个性质可计算第三个。溶解性或

溶解度系数是一个热力学参数，其值受到气体分子的凝结性、聚合物和气体分子的相互作用、聚合物的自由体积的影响。扩散性或扩散系数是动力学参数，它和聚合物中气体分子附近可供分子跳跃的空间产生频率呈正相关关系。扩散系数的大小主要受气体分子的尺寸、聚合物链的堆积状态、聚合物链的柔性以及聚合物的内聚能大小控制。

5.8.1　溶解度的测量方法

关于聚合物溶解度的测量方法，此处介绍两种重要的技术手段。第一种是压力衰减方法，在 1948 年由 Newitt 和 Weale 发明[13]，用于测量气体在聚苯乙烯中的溶解度。其原理是通过测量密闭空间内气体压力的衰减值，计算溶解到聚合物中的气体量。值得注意的是，Lundberg 等人[14] 通过测量气体在已知厚度的聚合物膜内的动态吸附曲线，推算出气体在聚合物内的扩散系数。这个方法与后续提到的利用时间延迟（time-lag）现象计算气体的扩散系数类似。到了 19 世纪 60 年代，Koros 和 Paul 在原有技术的基础上开发了双体积压力衰减法[15]，其装置如图 5-21 所示，将溶解度测量的准确性大大提高。

如图 5-21 所示，双体积吸附装置主要由温控系统和气体溶解度测量系统两部分组成。由于气体压力对温度十分敏感，温度的控制精度要达到 0.1℃。同时，为确保测量准确性，吸附装置中样品室和储藏室的体积需要精确标定。在计算吸附气体的物质的量时，应采用维里方程计算大气内气体物质的量的变化。图 5-22 给出了样品室中的动态压力衰减曲线，结合 Fick 第二定律，并在假设扩散系数为常数的情况下，可以利用该曲线来计算扩散系数。

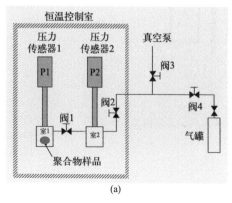
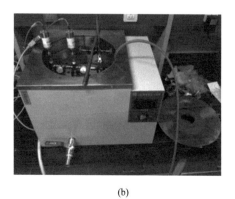

(a)　　　　　　　　　　　　　　　(b)

图 5-21　双体积压力衰减测量溶解度的装置设备示意图（a）及装置照片（b）

第二种测量方法是微量天平称重法，其装置的示意图如图 5-23 所示。微量

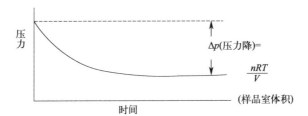

图 5-22　吸附装置中测定的气体压力随时间的动态衰减曲线

天平可以直接测量样品吸附气体后的质量变化，进而计算气体的溶解度。在实验过程中，为确保测量结果的准确性，需要考虑称重装置在不同气体压力下浮力变化对样品质量测定的影响。与双体积压力衰减法相比，微量天平称重法需要的样品量少（约 100mg）。双体积压力衰减法需要的样品量较多（0.1～1g），但其优势在于可以测量混合气体在样品中的溶解度。两种测量方法均可得到气体在聚合物中的吸附等温曲线。

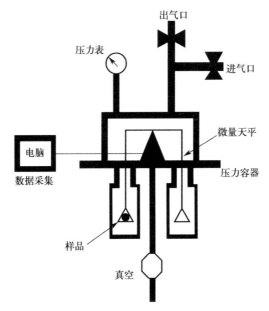

图 5-23　测量气体溶解度的微量天平称重法的装置示意图

5.8.2　吸附等温线的分析方法

前面介绍到气体在玻璃态聚合物中存在两种吸附机理：①发生在平衡态的自由体积中的亨利吸附；②发生在非平衡态自由体积中的 Langmuir 吸附。这种理论称为"双模吸附模型"（图 5-16）。根据式(5-20)：$S = \dfrac{C}{P} = K_D + \dfrac{C_H' b}{1 + bp}$，当压力较小时，两种吸附模式同时存在。当压力趋近于 0 时，$S \approx K_D + C_H' b$；当压力较大时 Langmuir 吸附达到饱和，$S = K_D p + C_H' b \approx K_D p$。可以截取吸附等温线在压力趋于 0 时的切线求得 $K_D + C_H' b$，截取压力较高部分的斜率求得 K_D，再通过吸附等温线拟合得到 b 值。这个方法称为图形拟合法（图 5-24）。此外还可利用非线性最小二乘法直接从吸附等温线的数据中拟合得到 K_D，C_H' 和 b。

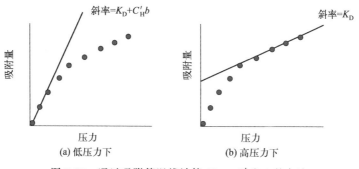

图 5-24　通过吸附等温线计算 K_D，C_H' 和 b 的方法

　　根据吸附等温线可知，在压力较低时两种吸附机理同时存在，高压下只有 Henry 吸附起作用。当两种吸附同时存在时，Langmuir 吸附速度高于 Henry 吸附，气体分子优先吸附在 Langmuir 自由体积中。这是因为吸附包含两个过程：①聚合物链运动形成一个可容纳气体分子的空间；②气体吸附在空间内。第一个过程聚合物链需要吸收能量进行运动，第二个过程气体分子冷凝释放能量。由于 Langmuir 自由体积较大，已经存在于聚合物内。气体分子吸附在 Langmuir 自由体积内比吸附到 Henry 自由体积内的能量需求小。因此气体分子会优先吸附在 Langmuir 自由体积中。

5.8.3　基于双模吸附的双模传质理论

　　由于玻璃态聚合物存在两种自由体积，气体分子在两种自由体积内的扩散速度可能不同，因此提出了双模传质理论模型（dual-mode mobility transport model）。首先假设气体传质通量包括两部分：在 Henry 自由体积中的传质通量 J_D 和在 Langmuir 自由体积间传质的 J_H。

$$J = J_D + J_H = -D_D \frac{dC_D}{dz} - D_H \frac{dC_H}{dz} = -D_D \frac{dK_D p}{dz} - D_H \frac{d}{dz}\left(\frac{C_H' b}{1 + bp}\right)$$

$$(5\text{-}29)$$

将上式由膜的高压侧向低压侧积分并设膜的厚度为 l，得到式(5-31)：

$$J = D_D K_D (p_2 - p_1) + D_H \left[\left(\frac{C_H' b p_2}{1 + b p_2} \right) - \left(\frac{C_H' b p_1}{1 + b p_1} \right) \right] \tag{5-30}$$

$$J = \left\{ D_D K_D + D_H \frac{C_H' b}{(1 + b p_1)(1 + b p_2)} \right\} \frac{p_2 - p_1}{l} \tag{5-31}$$

对比式(5-31) 和 $J = P \dfrac{\Delta p}{l}$，得到双模传质理论中的渗透性定义式(5-32)：

$$P = D_D K_D + D_H \frac{C_H' b}{(1 + b p_1)(1 + b p_2)} \tag{5-32}$$

当膜的下游压力为 0 时（$p_1 = 0$）：

$$P = D_D K_D + D_H \frac{C_H' b}{(1 + b p_2)} = D_D K_D \left(1 + \frac{FK}{1 + b p_2} \right) \tag{5-33}$$

$$F = \frac{D_H}{D_D}, K = \frac{C_H b}{K_D}$$

大量的实验数据表明 $F < 0.1$，说明气体在 Langmuir 自由体积中的扩散系数远小于其在 Henry 自由体积中的扩散系数。这表明玻璃态聚合物中的非平衡自由体积比平衡态自由体积的热稳定性好，不利于气体分子的扩散。此外，随着压力的逐渐增加，气体的渗透性逐渐降低。这是由于 Langmuir 吸附达到饱和状态后，随着压力的上升，溶解度系数 S 会相应下降。但对应的扩散系数 D 随压力上升而提高，表明扩散过程主要发生在扩散速度更高的 Henry 自由体积间。

气体在橡胶态聚合物中传质时，聚合物处于热力学平衡态，$F = 0$，$P = D_D K_D$。根据 Fick 定律和连续性方程得到以下关系式：

Fick 第一定律： $$N = -D \frac{\partial C}{\partial x} = -D K_D \frac{\partial p}{\partial x} \tag{5-34}$$

连续性方程： $$\frac{\partial C}{\partial t} = -\frac{\partial N}{\partial x} = D \frac{\partial^2 C}{\partial x^2} \tag{5-35}$$

当膜的下游处于真空时，膜渗透率从 0 时刻到达平衡的时间 θ（时间延迟）和扩散系数与膜厚的关系有：

$$\theta = \frac{l^2}{6D} \tag{5-36}$$

根据 $\theta = \dfrac{l^2}{6D}$，可通过测量时间延迟的方法计算扩散系数。时间延迟指由于膜材料吸附气体分子导致测量气体渗透性的过程中，初始气体渗透性低于稳态的渗透性。在起始时刻至稳态之间的时间间隔称为时间延迟。

5.8.4　气体渗透性的实验测量方法

图 5-25 展示了两种测量气体渗透性的方法。左边为等压法，该方法在膜的透过侧保持压力恒定，通过测量透过侧气体的体积流量计算渗透性。这种方式适于测量膜通量较高的情况，例如非对称性膜的传质性能，可使用皂泡流量计测量气体的体积流速。然而，对多数聚合物膜，其气体的流量很低，因此右侧的等体积压力增加方法应用较为广泛。等体积压力增加方法的原理是：在膜的透过侧首先进行抽真空处理，然后封闭下游空间并开始实验。通过记录下游的压力变化，可以计算透过膜的气体的物质的量。其计算方程如式(5-37)。

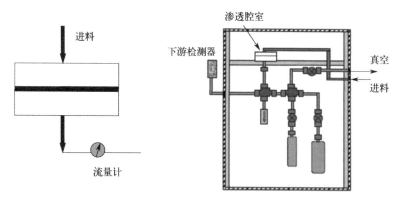

图 5-25　气体渗透性测量装置流程图：左边为等压法，右边为等体积压力增加法

$$P = \frac{Vl}{ARTp_2} \times \frac{\mathrm{d}p_1}{\mathrm{d}t} \tag{5-37}$$

式中，V 为膜下游的体积；l 为膜的厚度；A 为膜面积；R 为气体常数；T 为温度；p_2 为上游压力；p_1 为下游压力；t 为时间。图 5-26 给出了典型的实验测量曲线，可见下游压力的增加速度随时间逐渐升高并最终稳定。稳定态的斜率代入式(5-37)求解渗透性。其切线的延长线与 x 轴的交点为时间延迟 θ。

时间延迟法计算扩散系数的推导公式如下：

根据 Fick 第二定律，在膜内部有：

$$\frac{\partial C}{\partial t} = D\,\frac{\partial^2 C}{\partial x^2} \tag{5-38}$$

边界条件：$t=0$，$C=0$

$\qquad\qquad t>0$，$x=0$，$C=C_\mathrm{f}$（与上游接触的膜表面达到溶解平衡）

$\qquad\qquad x$ 趋近无穷远，$C=0$

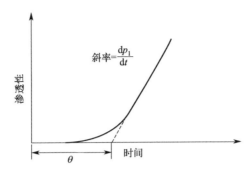

图 5-26　下游压力随时间的变化曲线

求解微分方程得到气体通量：

$$\frac{Q(t)}{lC_t}=\frac{Dt}{l^2}-\frac{1}{6}-\frac{2}{\pi^2}\sum_{n=1}\frac{(-1)^n}{n^2}\exp\left(-\frac{Dn^2\pi^2t}{l^2}\right) \tag{5-39}$$

当 t 趋于无穷时：

$$Q(t)=\frac{DC_f}{l}\left(t-\frac{l^2}{6D}\right) \tag{5-40}$$

式（5-40）表明，透过膜的气体量随时间增加而增加，并在 t 比较大时与 t 呈现线性关系。因此将图 5-27 中的趋势线延长至与 x 轴的截距为 $\frac{l^2}{6D}$。

5.9　小结

本章介绍了气体在有孔介质和无孔介质中的传质模型，着重介绍了描述气体在聚合物材料中的传质的溶解-扩散模型、随机行走模型。基于这两个模型，推导了气体传质的基本方程，进而将气体的溶解性和扩散性与气体分子的本质性能、聚合物分子的链柔性、自由体积和自由体积分布、气体分子和聚合物的相互作用关联。这些关系的揭示，有助于我们更加精准地预测和控制气体在聚合物材料中的传质过程。此外，对气体分子在玻璃态和橡胶态聚合物中的扩散规律和扩散模型进行了介绍。最后，本章介绍了测量气体溶解度、渗透性的实验方法，以及通过时间延迟方法间接估算扩散系数的方法。这些方法为我们提供了实用的工具，使我们能够通过实验手段来验证和补充理论模型，从而更全面地理解气体在聚合物中的传质行为。

总的来说，本章内容涵盖了气体在聚合物中传质的理论模型、影响因素以及实验方法，为我们提供了全面而深入的知识体系，有助于我们在实际应用中更好地理解和控制气体在聚合物材料中的传质过程。

参考文献

［1］　Favre E. Polymeric membranes for gas separation in membrane operations in molecular separations. Elsevier.

［2］　Henis J M S，Tripodi M K. A novel approach to gas separations using composite hollow fiber membranes. Sep Purif Tech，1980，15：1059.

［3］　Loeb S，Sourirajan S. Seawater demineralisation by means of an osmotic membrane. Adv Chem Ser，1962，38：117.

［4］　Baker R W. Future directions of membrane gas separation technology. Ind Eng Chem Res，2002，41：1393-1411.

［5］　Bhuwania N，Labreche Y，Achoundong C S K，et al. Engineering substructure morphology of asymmetric carbon molecular sieve hollow fiber membranes. Carbon，2014，76：417-434.

［6］　Xu L R，Rungta M，Brayden M K，et al. Olefins-selective asymmetric carbon molecular sieve hollow fiber membranes for hybrid membrane-distillation processes for olefin/paraffin separations. J Membr Sci，2012，423-424：314-323.

［7］　Kim Y K，Lee J M，Park H B，et al. The gas separation properties of carbon molecular sieve membranes derived from polyimides having carboxylic acid groups. J Membr Sci，2004，235：139-146.

［8］　Beigoma H S，Mohammada M，Davood R. Study of carbon atoms deposited on graphene layer using molecular dynamics simulation. AIP Conf Proc，2011，1400：108-113.

［9］　Yampolskii Y，Pinnau I，Freeman B. Materials science of membranes for gas and vapor separation. John Wiley & Sons Ltd，2006.

［10］　Baker R W. Gas Separation. Spring，2012.

［11］　Maeda Y，Paul D R. Effect of antiplasticization on gas sorption and transport Ⅲ Free volume interpretation. J Polym Sci Part B：Polym Phys，1987，25 (5)：1005-1016.

［12］　Newitt D M，Weale K E. Solution and diffusion of gases in polystyrene at high pressures. Chem Soc，1948，310：1541-1549.

［13］　Lundberg J L，Wilk M B，Huyett M J. Sorption studies using automation and computation. Ind Eng Chem Fundam，1963，2 (1)：37-43.

［14］　Koros W J，Paul D R. Design considerations for measurement of gas sorption in polymers by pressure decay. J Polym Sci Part B：Polym Phys，1976，14：1903-1907.

［15］　Koros W J，Paul D R. Carbon dioxide sorption and transport in polycarbonate. J Polym Sci Polym Phys Edit，1976，14：687-702.

第6章
多层复合膜的传质模型及制备方法

6.1 引言

  1829 年，科学家发现气体可以在膜中进行传输。1855 年 Fick 用硝酸纤维素制备了世界上第一张人造无孔气体分离膜，并根据此膜研究了气体在膜中的传递过程，提出了 Fick 扩散定律。从那以后，几乎所有的膜科学方面的研究工作都是以改性纤维素为基本材料。20 世纪 20 年代，高分子科学的兴起为膜科学的研究提供了广阔的物质基础。越来越多的聚合物应用于制膜过程，膜科学与技术获得了迅速的发展。在气体分离膜的研究历程中，T. Graham 系统研究了不同气体在膜中的扩散行为，在 1866 年提出了现在广为接受的溶解-扩散模型。1960 年 Loeb 和 Sourirajan 用非溶剂相转化的方法制备出了非对称的醋酸纤维素膜。这是膜技术发展的一个重要里程碑，使分离膜从实验室研究进入工业生产中。1961 年，美国 Hevens 公司首先提出了管式膜组件的制造方法。1967 年，美国的 Du-Pont 公司首创了中空纤维膜组件，并获得了美国化学最高奖项。20 世纪 80 年代初，Henis 和 Tripodi 提出了气体渗透阻力模型[1]，并发明了多层复合膜，这是气体分离膜技术的里程碑事件。多层涂覆技术的出现使气体分离膜的工业化成为现实。因此，有必要对多层复合膜的传质模型、制备技术做较为详细的介绍和探讨。

6.2 多层复合膜的串联阻力模型

  气体分离膜分离对象的直径在 0.28～0.4nm 之间。为了取得高选择性，膜的表面应该致密无孔。在采用溶剂蒸发法制备聚合物膜时，比较容易得到无缺陷的膜，但膜的厚度往往达到几十至几百微米。为了满足工业分离的高通量要求，分离膜的厚度通常需要控制在 1μm 以下，如反渗透膜的分离层厚度仅为几百纳米。但是在膜的大规模制备过程中，膜中很容易形成小孔缺陷，这对膜的分离性能构成威胁。对液体分离膜，由于分离层在液体介质中的溶胀作用，孔缺陷可能得到一定程度的减少。并且液体较高的黏度也可以限制其在孔缺陷内的传质速度，因此液体分离膜对皮层缺陷的容忍度相对较高。然而，对于气体分离膜，即便是微小的孔缺陷也可能对气体选择性造成严重的影响。下面将通过多层复合膜的串联阻力模型解释孔缺陷对气体传质性能的影响规律。

气体分离复合膜通常由致密分离层或皮层和多孔支撑层两部分构成。多孔支撑层的表面孔径在几至几十纳米之间，气体在这种孔中的传质满足努森扩散的规律。如图 6-1 所示，气体在厚度为 z、平均孔半径为 r 的有孔膜中传质。气体通量（J）和压力梯度之间由 Fick 扩散关联，由式（6-1）描述：

$$J = -\frac{D}{RT} \times \frac{\mathrm{d}p}{\mathrm{d}z} \qquad (6\text{-}1)$$

$$D = \frac{2}{3}rv = 97r\left(\frac{T}{M}\right)^{0.5} \qquad (6\text{-}2)$$

在式（6-1）和式（6-2）中，r 为平均孔半径，m；v 为平均分子扩散速度，m/s；M 为分子量；T 为温度，K。

根据式（6-1）和式（6-2），当气体的传质满足努森扩散的规律时，扩散系数由温度、孔半径和其分子量决定。可推导努森扩散下气体 1 和气体 2 的选择性，由式（6-3）描述。

$$\alpha_{1,2} = \left(\frac{M_2}{M_1}\right)^{0.5} \qquad (6\text{-}3)$$

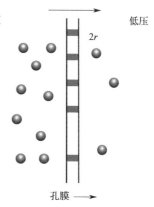

图 6-1　气体分子在有孔膜中的扩散示意图

由式（6-3）可计算出 O_2/N_2 的选择性为 $\alpha_{O_2/N_2} = \left(\frac{28}{32}\right)^{0.5} = 0.935$；$H_2/N_2$ 的选择性为 $\alpha_{H_2/N_2} = 3.74$。可见在努森扩散下，分子量大的气体分子扩散速度慢，分子间的选择性低。因此当气体膜表面存在缺陷时，其选择性会下降。

下面将比较努森扩散和溶解-扩散下扩散系数的大小。在 25℃ 时，氢气通过 2μm 孔的努森扩散系数为 $D = 97 \times 10^{-6} \times \left(\frac{298}{2}\right)^{0.5} = 1.184 \times 10^{-3} \dfrac{\mathrm{m}^2}{\mathrm{s}} = 11.84$ $\dfrac{\mathrm{cm}^2}{\mathrm{s}}$。当孔半径缩小为 100Å 时，$r = 10^{-8}\mathrm{m}$，$D = 97 \times 10^{-8}\left(\frac{298}{2}\right)^{0.5} = 1.184 \times$

$10^{-5}\dfrac{\mathrm{m}^2}{\mathrm{s}}=0.1184\dfrac{\mathrm{cm}^2}{\mathrm{s}}$。

为了计算氢气在表面有缺陷的聚砜膜中的整体传质速度,假设在孔中的传质符合努森扩散规律,在致密部分的传质符合溶解-扩散模型。因此有:

$$Q=A\Delta p\left[P+\frac{A_2}{A}\times\frac{97\times r\left(\dfrac{T}{M}\right)^{0.5}}{RT}\right]\tag{6-4}$$

式中,A 为膜的总表面积;A_2 为所有孔占据的面积;P 为气体的渗透性。当孔半径 $r=100\text{Å}=10^{-8}\mathrm{m}$ 时,聚砜的气体渗透性 $P=5.2\times10^{-8}$。

$$Q=A\Delta p\left(5.2\times10^{-8}+1.56\times10^{-4}\frac{A_2}{A}\right)\tag{6-5}$$

当孔半径 $r=1\mu\mathrm{m}=10^{-6}\mathrm{m}$ 时:

$$Q=A\Delta p\left(5.2\times10^{-8}+1.56\times10^{-1}\frac{A_2}{A}\right)\tag{6-6}$$

气体通量与孔的面积分数($\dfrac{A_2}{A}$)的关系如图 6-2 所示。对于平均孔半径为 $1\mu\mathrm{m}$ 的大孔(large pores)膜,其表面孔隙率高于一亿分之一(10^{-8})后,氢气的通量显著提升;对于平均孔半径为 $0.01\mu\mathrm{m}$ 的小孔(small pores)膜,其表面孔隙率高于一百万分之一(10^{-6})后,氢气的通量显著提升。为了直观展示气体通量显著变化时所对应的孔隙面积,我们可以借助一个形象的比喻:想象一个标准足球场,其面积达到 $7000\mathrm{m}^2$,当足球场存在一亿分之一的缺陷时,其孔半径仅为 $0.47\mathrm{cm}$。如此小面积的缺陷却对整体的气体通量带来明显的升高。由此可见,气体分离膜的传质性能对膜缺陷极其敏感,微小的缺陷将使气体选择性极大下降。

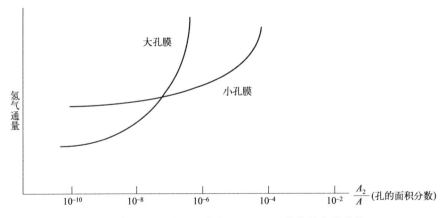

图 6-2 氢气通量随聚砜膜表面孔的面积分数的变化趋势

为了解决气体膜表面缺陷问题，Henis 和 Tripodi 发明了复合膜的制备技术[2]。如图 6-3 所示，将由非溶剂相转化方法制备的膜表层涂覆一层硅橡胶（PDMS）。利用聚二甲基硅氧烷修复膜的表面缺陷。为了分析聚二甲基硅氧烷涂覆后的复合膜的气体传质行为，仿照电路模型建立了串联阻力模型[3]。气体的通量和压力梯度之间的关系由式(6-7) 表示：

$$Q = PA \frac{\Delta p}{l} \tag{6-7}$$

与式(6-7) 对应的电流模型：$I = \dfrac{E(\text{电压})}{R(\text{电阻})}$。将式(6-7) 变形得到：$Q = \dfrac{\Delta p}{\dfrac{l}{PA}}$。

由此可定义气体分离膜的阻力（R）为式(6-8)：

$$R = \frac{l}{PA} \tag{6-8}$$

如图 6-3 所示，定义膜的总面积为 A_1，孔所占面积为 A_2，致密部分面积为 A_3，硅橡胶层厚度为 l_1，硅橡胶下渗深度为 l_2。按照复合膜结构构建电路模型：R_1 代表硅橡胶层的阻力，R_2 为膜中致密部分的阻力，R_3 为硅橡胶下渗部分的阻力，下部的多孔支撑层阻力为 R_4。

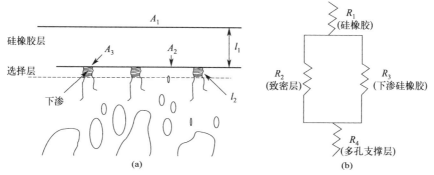

图 6-3　气体分离复合膜的断面结构示意图（a）和串联阻力模型（b）

根据电路的电阻模型，得到电路的总电阻和各个电阻之间的关系：

$$R = R_1 + \frac{1}{\dfrac{1}{R_2} + \dfrac{1}{R_3}} + R_4 = R_1 + \frac{R_2 R_3}{R_2 + R_3} + R_4 \tag{6-9}$$

根据式(6-8)，用各部分膜材料的面积、厚度以及渗透性表述其阻力得到：

$$R_1 = \frac{l_1}{P_1 A_1} \tag{6-10}$$

$$R_2 = \frac{l_2}{P_2 A_2} \tag{6-11}$$

$$R_3 = \frac{l_2}{P_1 A_3} \tag{6-12}$$

$$R = R_1 + \frac{R_2 R_3}{R_2 + R_3} + R_4 = \frac{l_1}{P_1 A_1} + \frac{\dfrac{l_2}{P_2 A_2} \times \dfrac{l_2}{P_1 A_3}}{\dfrac{l_2}{P_2 A_2} + \dfrac{l_2}{P_1 A_3}} + R_4 \tag{6-13}$$

当忽略多孔支撑层的阻力时（$R_4 = 0$），有：

$$R = \frac{l_1}{P_1 A_1} + \frac{\dfrac{l_2}{P_2 A_2} \times \dfrac{l_2}{P_1 A_3}}{\dfrac{l_2}{P_2 A_2} + \dfrac{l_2}{P_1 A_3}} = \frac{l_1}{P_1 A_1} + \frac{l_2}{P_1 A_3 + P_2 A_2} \tag{6-14}$$

$$Q = \frac{\Delta p}{R} = \Delta p \left(\frac{l_1}{P_1 A_1} + \frac{l_2}{P_1 A_3 + P_2 A_2} \right)^{-1} = \Delta p A_1 \left(\frac{l_1}{P_1} + \frac{l_2}{P_1 A_3 / A_1 + P_2 A_2 / A_1} \right)^{-1} \tag{6-15}$$

当膜的缺陷的总面积在全部膜面积中占比较小时（$A_1 \approx A_2$）：

$$Q = \Delta p A_1 \left(\frac{l_1}{P_1} + \frac{l_2}{P_1 A_3 / A_1 + P_2} \right)^{-1} \tag{6-16}$$

渗透率和渗透性之间的关系为 $\bar{P} = \dfrac{P}{l}$。气体通量和渗透率之间的关系为 $J = \dfrac{Q}{A}$，因此有：

$$\bar{P} = \frac{Q}{\Delta p A_1} = \left(\frac{l_1}{P_1} + \frac{l_2}{P_1 A_3 / A_1 + P_2} \right)^{-1} \tag{6-17}$$

下面通过几个案例比较涂覆硅橡胶层的气体分离膜的传质性能。

案例 1：聚砜复合膜的气体传质性能

聚二甲基硅氧烷膜的性能参数如下：

$$P_1(H_2) = 5.2 \times 10^{-8} \, \frac{\text{mL(stp)} \cdot \text{cm}}{\text{cm}^2 \cdot \text{s} \cdot \text{cm Hg}}$$

$$P_1(CO) = 2.5 \times 10^{-8} \, \frac{\text{mL(stp)} \cdot \text{cm}}{\text{cm}^2 \cdot \text{s} \cdot \text{cm Hg}}$$

$$l_1 = 1 \times 10^{-4} \, \text{cm}$$

聚砜膜的性能如下：

$$P_2(H_2) = 1.2 \times 10^{-9} \, \frac{\text{mL(stp)} \cdot \text{cm}}{\text{cm}^2 \cdot \text{s} \cdot \text{cm Hg}}$$

$$P_2(CO) = 3.0 \times 10^{-11} \, \frac{\text{mL(stp)} \cdot \text{cm}}{\text{cm}^2 \cdot \text{s} \cdot \text{cm Hg}}$$

$$l_2 = 1 \times 10^{-5} \, \text{cm}$$

$$\frac{A_3}{A_2} = 1.9 \times 10^{-6}$$

根据式(6-17)

$$\overline{P_{H_2}} = \left(\frac{1 \times 10^{-4}}{5.2 \times 10^{-8}} + \frac{1 \times 10^{-5}}{5.2 \times 10^{-8} \times 1.9 \times 10^{-6} + 1.2 \times 10^{-9}} \right)^{-1}$$

$$= (1900 + 8300)^{-1} = 9.8 \times 10^{-5} \, \frac{\text{mL(stp)}}{\text{cm}^2 \cdot \text{s} \cdot \text{cm Hg}}$$

$$\overline{P_{CO}} = \left(\frac{1 \times 10^{-4}}{2.5 \times 10^{-8}} + \frac{1 \times 10^{-5}}{2.5 \times 10^{-8} \times 1.9 \times 10^{-6} + 3.0 \times 10^{-11}} \right)^{-1}$$

$$= (4000 + 330000)^{-1} = 3.0 \times 10^{-6} \, \frac{\text{mL(stp)}}{\text{cm}^2 \cdot \text{s} \cdot \text{cm Hg}}$$

复合膜中 H_2 对 CO 的选择性：$\alpha_{CO}^{H_2} = \dfrac{9.8 \times 10^{-5}}{3.0 \times 10^{-6}} = 33$。

当改变聚二甲基硅氧烷层和下渗层的厚度时，可以计算出一系列的复合膜渗透率与选择性，结果如表 6-1 所示。

表 6-1　聚二甲基硅氧烷层厚度和渗透层厚度对复合膜气体传质性能的影响

$l_1/\mu m$	$l_2 = 50nm$		$l_2 = 250nm$	
	$\overline{P_{H_2}}$/GPU	$\alpha_{CO}^{H_2}$	$\overline{P_{H_2}}$/GPU	$\alpha_{CO}^{H_2}$
0.1	230	38	48	39
0.2	190	33	46	38
1.0	160	28	44	37
2.0	120	22	40	34
5.0	70	13	33	28
10.0	43	8.8	25	22

案例 1 的结果表明：随着聚二甲基硅氧烷层厚度的增加，气体渗透率呈现下降趋势。这是由聚二甲基硅氧烷层阻力的增加所致。整体复合膜对 H_2、CO 气体的选择性逐渐接近聚二甲基硅氧烷材料的本征选择性。这是因为气体分离性由阻力最大的分离层材料决定，随着聚二甲基硅氧烷层阻力的增大，其相对较低的选择性对复合膜的整体选择性产生了负面影响。

案例 2：聚二甲基硅氧烷/聚丙烯腈复合膜的气体传质性能

聚二甲基硅氧烷的渗透性已经在实例 1 中给出[4]，聚丙烯腈的气体渗透性能如下：

$$P_2(H_2) = 1 \times 10^{-11} \, \frac{\text{mL(stp)} \cdot \text{cm}}{\text{cm}^2 \cdot \text{s} \cdot \text{cm Hg}}$$

$$P_2(\text{CO}) = 1.0 \times 10^{-14} \frac{\text{mL(stp)} \cdot \text{cm}}{\text{cm}^2 \cdot \text{s} \cdot \text{cm Hg}}$$

假设 $R_4 \approx 0$，可计算出聚二甲基硅氧烷层厚度（l_1）、聚丙烯腈表面孔隙率（$\approx A_3/A_2$）、聚二甲基硅氧烷渗透层的厚度（l_2）对聚二甲基硅氧烷/聚丙烯腈复合膜气体传质性能的影响规律，如表 6-2 所示。聚丙烯腈的本征 H_2/CO 的选择性为 1000。当表面孔隙率为 10^{-5} 时，复合膜的表观选择性仅为 40；当表面孔隙率为 10^{-7} 时，复合膜的选择性接近聚丙烯腈的本征选择性。聚二甲基硅氧烷/聚丙烯腈复合膜的断面结构如图 6-4 所示，当膜材料的渗透性很低时，即使聚二甲基硅氧烷可以堵塞表面孔缺陷，由于聚二甲基硅氧烷的渗透性远高于聚丙烯腈的渗透性，大多数的气体分子还是经过聚二甲基硅氧烷堵塞的孔穿过复合膜。因此对于渗透性极低的聚合物材料，只有表面孔隙率极低时，表面涂覆方法才能获得接近其本征选择性的复合膜。如图 6-5 所示，表面涂覆技术可以极大稳定气体分离膜的传质性能。没有做表面涂覆的膜，其氢气渗透率和 H_2/CO 选择性在表面孔隙率超过 10^{-8} 后迅速丧失。而涂覆聚二甲基硅氧烷后，即使表面孔隙率增加到 10^{-5} 仍然保持了较高的选择性。因此表面涂覆技术解决了气体分离膜制备过程中形成的表面缺陷造成选择性降低的问题，使气体分离膜可以大规模制备。

表 6-2　聚二甲基硅氧烷层厚度、渗透层厚度、聚丙烯腈表面孔隙率对复合膜气体传质性能的影响

$l_1/\mu\text{m}$	$l_2/\text{Å}$	A_3/A_2	$\overline{P_{H_2}}$/GPU	$\alpha_{\text{CO}}^{H_2}$
1	500	10^{-5}	2.1	40
1	2500	10^{-5}	0.42	40
1	500	10^{-7}	2.0	800
50	500	10^{-7}	1.7	680

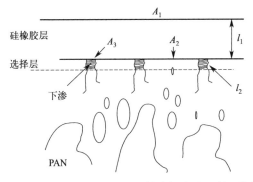

图 6-4　聚二甲基硅氧烷/聚丙烯腈复合膜的断面结构

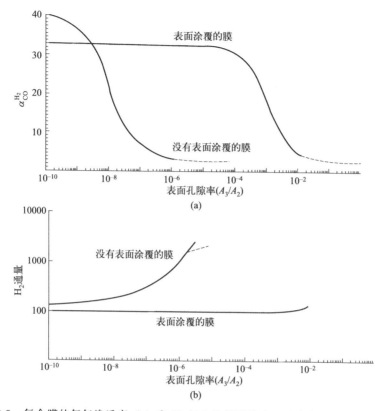

图 6-5　复合膜的氢气渗透率（a）和 H_2/CO 选择性随表面孔隙率（b）的变化规律

6.3　三层复合膜

当高性能的气体分离膜材料比较昂贵或难以加工为非对称膜时，可以将这种材料涂覆到复合膜表面主导分离性能。但在涂覆过程中，经常出现聚合物溶液下渗和不能完全覆盖支撑层表面孔的现象。在解决此问题的过程中诞生了三层复合膜技术[5]，如图 6-6 所示，作为中间层的材料具有高气体渗透性，以避免提升三层复合膜的整体传质阻力，还应具有较高的分子量和较低的表面能以便封堵多孔支撑层。图中，A 为总表面积；A_1 为支撑层的致密部分的表面积；A_2 为支撑层表面孔的面积；l_1 为中间层厚度；l_2 为中间层侵入支撑层孔内的深度；l_0 为选择性层的厚度；P_0 为选择性层材料的渗透性；P_1 为中间层材料的渗透性；P_2 为支撑层材料的渗透性。

用电路的串联阻力模型估算三层复合膜的气体传质阻力，得到以下的公式。

下渗层 (l_2) 部分的阻力可由式(6-18)描述。式(6-20)可以用于计算三层复合膜的整体气体传质阻力。

$$\frac{1}{R_2}+\frac{1}{R_3}=\frac{P_2 A_1}{l_2}+\frac{P_1 A_2}{l_2}=\frac{P_2 A_1+P_1 A_2}{l_2} \tag{6-18}$$

$$Q=\Delta P\left(\frac{l_2}{P_2 A_1+P_1 A_2}+\frac{l_1}{P_1 A}+\frac{l_0}{P_0 A}\right)^{-1} \tag{6-19}$$

$$\frac{Q}{A \Delta P}=\left(\frac{l_2}{P_2 A_1/A+P_1 A_2/A}+\frac{l_1}{P_1}+\frac{l_0}{P_0}\right)^{-1} \tag{6-20}$$

案例3：

此前假设图 6-6 中多孔支撑层部分的阻力 $R_4=0$。这里将讨论当支撑层阻力不能忽略时的气体传质行为。假设支撑层阻力相当于氢气传质阻力的 25%，则有：

$$R_4=0.25\times\left(R_1+\frac{R_2 R_3}{R_2+R_3}\right)$$

根据此前聚砜膜的计算结果，计算氢气的渗透率：$R_1=1900$，$\dfrac{R_2 R_3}{R_2+R_3}=8300$。

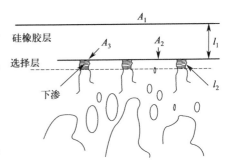

图 6-6　三层复合膜的断面结构示意图

$$R=1900+8300+0.25\times(1900+8300)=127570$$

$$\bar{P}_{H_2}=\frac{1}{R}=7.8\times10^{-5}\,\mathrm{mL/(cm^2 \cdot s \cdot cm\,Hg)}$$

注意在计算一氧化碳的渗透率时，支撑层阻力应用氢气传质阻力核算，因为多孔层对气体基本不具有扩散选择性，氢气或其他气体在支撑层中的扩散速度基本相同。

$$\bar{P}_{CO_2}=\frac{1}{R}=[4000+330000+0.25\times(1900+8300)]^{-1}$$

$$=3.0\times10^{-6}\,\mathrm{mL/(cm^2 \cdot s \cdot cm\,Hg)}$$

分离因子 $\alpha=26$，小于忽略支撑层阻力时得到的选择性为 33。以上结果表明，多孔支撑层不具备选择性，它对气体分子扩散的阻碍作用体现在摩擦阻力。传质快的气体，支撑层对它的摩擦力强，因此支撑层阻力的存在降低了气体选择性。

6.4　非对称膜的结构

如图 6-7 所示，非对称性膜可分为两类：整体性非对称性膜（integrally

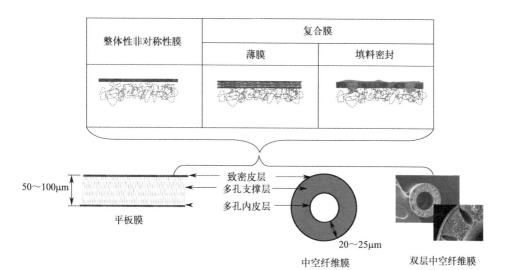

图 6-7　典型的非对称性膜的结构

skinned asymmetric membrane）和薄膜复合膜（thin-film composite membrane）。平板复合膜的厚度一般在 $50\sim100\mu m$ 范围内，而中空纤维复合膜的多孔支撑层厚度可低至 $20\sim25\mu m$。经由双层喷丝头制备的中空纤维膜，其外层厚度可控制在 $10\mu m$ 以下。多层复合膜的典型结构如图 6-8 所示，左侧为双层的中空纤维复合膜，其外层材料的作用是堵塞下层膜的表面缺陷，厚度在 $1\sim2\mu m$ 之间。复合膜的分离性能主要由中空纤维膜的外层致密部分（厚度约为 $100\sim200nm$）决定。中间为三层中空纤维复合膜。最外层主导分离性能，其厚度在 $20\sim50nm$ 之间，中间层起到堵塞支撑层表面孔的目的，厚度为 $0.5\sim2\mu m$。最内侧为多孔支撑层。最右侧为单层涂覆的具有双层结构的中空纤维复合膜。最外层为厚度在 $1\sim2\mu m$ 的堵孔层；中间为具有非对称结构的分离层；内侧为多孔支撑层。这种结构不仅可以节省中间层材料，还允许使用力学性能佳的聚合物来制备内侧中空纤维。

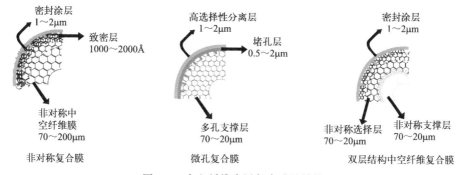

图 6-8　中空纤维多层复合膜的结构

6.5 多层复合膜的制备方法[7-10]

表 6-3 列出了两种商业化气体分离膜的基本信息。这两种膜均采用聚二甲基硅氧烷作为表面缺陷的修饰材料，聚二甲基硅氧烷涂覆工艺的流程图如图 6-9 所示[4]。中空纤维膜在通过溶解了聚二甲基硅氧烷的溶剂槽后，经干燥、交联后进行收卷处理。在工业生产过程中，涂覆前的中空纤维还要经过溶剂交换和干燥处理，以确保膜表面的纯净度和涂覆效果。如果是连续性操作流程，生产线将涉及多个复杂步骤，且干燥过程要做防爆处理。

表 6-3 商业化气体分离的性能

名称	膜材料	O_2 渗透率/GPU	O_2/N_2 选择性
Air Product 膜	硅橡胶/聚砜复合	40~42	5.0~5.2
陶氏膜	四溴双酚 A 聚碳酸酯	7.0	7.0

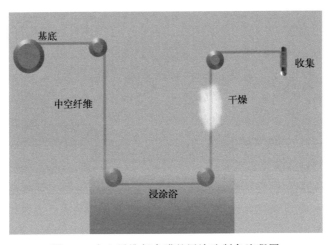

图 6-9 中空纤维复合膜的浸涂法制备流程图

在涂覆过程中，涂覆层的入侵深度（l_2）会显著增加复合膜的传质阻力。因此需要调整涂覆工艺，减少入侵深度。具体而言，存在以下几种策略：方法一是提高涂覆液的黏度或升高涂覆液的温度。提高黏度可以减缓涂覆液的入侵速度，而升高温度可以加快涂覆液的固化速度，阻止涂覆液的进一步下渗。方法二是把涂覆层聚合物直接加入凝固浴中，在非溶剂相转化的过程中同时完成表层缺陷的修复。如图 6-10 所示，聚砜溶液经纺丝头后形成胶体状中空纤维，随后中空纤维进入含有 0.5%~1%（质量分数）的醋酸纤维素（CA）水溶液中完成相转变，凝固的中空纤维经过干燥室后收卷。这种方法简化了双层复合膜的制备流程。方法三如图 6-11 所示，聚砜中空纤维经过预涂覆装置，其表面孔被甘油、聚乙二醇等水溶性聚合物覆盖，然后进入涂覆溶剂，经干燥后收集。

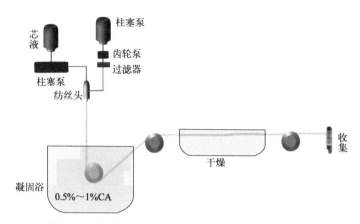

图 6-10　制备醋酸纤维素/聚砜复合膜的装置流程图

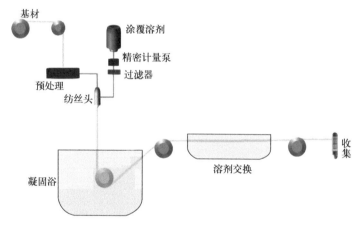

图 6-11　含有预涂覆步骤的复合膜涂覆流程图

除了以上三种方法，还可以对中空纤维进行退火处理消除表面缺陷。退火是指对聚合物膜加热，提高聚合物链的柔性使表面小孔塌陷。经后处理方法后的中空纤维膜的气体分离性能如表 6-4 所示。可见涂覆结合退火处理是修复中空纤维表面缺陷比较有效的方法，但退火不可避免地造成致密层厚度的增加，使膜通量下降。

表 6-4　后处理方法对聚砜中空纤维膜分离性能的影响

处理方法	H_2 渗透率/GPU	H_2/N_2 选择性
115℃干燥	9550	1.3
180℃在空气中退火 10s	6890	3.3
醋酸纤维素涂覆＋退火处理	64-82	44-59

退火也可以在溶剂中进行，借助溶剂对聚合物的溶胀作用使中空纤维的表面缺陷发生塌陷[5]。以对乙基纤维素（EC）复合中空膜的处理为例，直接在 100℃的空气中干燥的乙基纤维素复合膜，其 O_2/N_2 的选择性仅为 1.1。将膜在乙醇/水溶剂中浸泡 0.5s，随后在 52℃空气中干燥，其 O_2/N_2 的选择性升高至 2.8，O_2 的渗透率高达 140GPU[6]。

案例 4：三层复合膜的制备

当高效聚合物材料价格昂贵或成膜性能较弱时，需要通过涂覆方法将其制备成分离层。如图 6-12 所示，引入高渗透性的中间层，可以防止分离层聚合物渗入多孔支撑层，并不会显著提高复合膜的整体传质阻力。图 6-13 展示了三层复合膜的加工工艺流程图。中空纤维依次通过两个涂覆装置，先后涂覆 6F-Durene 层和高选择性层。每层涂覆通过玻璃涂覆器，将聚合物溶液均匀地附着在中空纤

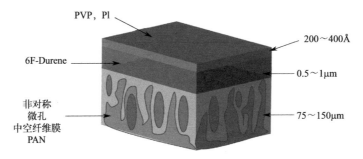

图 6-12　聚乙烯吡咯烷酮（6F-polyimide）/6F-Durene/聚丙烯腈多
孔支撑层三层中空纤维复合膜的断面结构

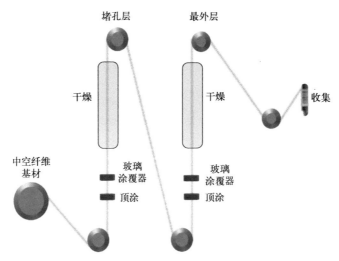

图 6-13　三层复合膜的制备工艺示意图

维表面。在进入涂覆器前，中空纤维表面涂覆预涂剂以缓和涂覆溶液的下渗现象。在未涂覆最外层的聚合物时，6F-Durene/聚丙烯腈中空纤维复合膜的气体传质性能如表 6-5 所示。

表 6-5　6F-Durene/聚丙烯腈双层复合膜的气体分离性能

项目	O_2/N_2 选择性	O_2 渗透率/GPU	表观涂覆层厚度/μm	计算涂覆层厚度/μm
预涂覆	4.0-4.3	59.6-70.4	0.99	1.0-1.21
未预涂覆	4.2	6.2	0.80	12

涂覆层厚度可利用 6F-Durene 的渗透性和实测 O_2 渗透率反推得到：

$$\bar{P}=\frac{P}{l}l=\frac{P}{\bar{P}}=\frac{72}{6.2}=12$$

如表 6-5 所示，预涂覆限制了涂覆液的下渗，将复合膜的气体通量提升了 10 倍。

根据

$$\frac{Q}{A\Delta P}=\left(\frac{l_2}{P_2A_1/A+P_1A_2/A}+\frac{l_1}{P_1}+\frac{l_0}{P_0}\right)^{-1} \tag{6-21}$$

当支撑层表面孔隙率较小时：$A_2/A\ll1$，$A_1\approx A$。式(6-21) 近似为：

$$\frac{Q}{A\Delta P}=\left(\frac{l_2}{P_2+P_1A_2/A}+\frac{l_1}{P_1}+\frac{l_0}{P_0}\right)^{-1} \tag{6-22}$$

当支撑层的表面孔隙率较大时，$A_1<A$，有：

$$\frac{Q}{A\Delta P}=\left[\frac{l_2}{P_2+(P_1-P_2)A_2/A}+\frac{l_1}{P_1}+\frac{l_0}{P_0}\right]^{-1} \tag{6-23}$$

当构成支撑层的聚合物是低渗透性（P_2）材料，中间层是高渗透性（P_1）材料，支撑层的表面孔隙率较高时，满足（P_1-P_2）$A_2/A\gg P_2$，

对于双层膜，整体渗透率和各层传质阻力之间的关系有：

$$\bar{P}=\left[\frac{l_2}{P_2+(P_1-P_2)A_2/A}+\frac{l_1}{P_1}\right]^{-1}\approx\left[\frac{l_2}{(P_1-P_2)A_2/A}+\frac{l_1}{P_1}\right]^{-1}$$

$$=\frac{P_1}{l_1}\left(1+\frac{l_2}{l_1}\times\frac{P_1}{P_1-P_2}\times\frac{A}{A_2}\right)^{-1}\approx\frac{P_1}{l_1}\left(1+\frac{l_2}{l_1}\times\frac{A}{A_2}\right)^{-1} \tag{6-24}$$

如果定义 $\frac{A}{A_2}$ 为下渗因子（intrusion factor）。当多孔支撑层的表面孔隙率为 5%（超滤膜的典型表面孔隙率值）时，下渗因子为 20。假如涂层 l_1 的厚度为 $1\mu m$，下渗深度为 $1\mu m$。这时 $\frac{l_2}{l_1}\times\frac{A}{A_2}=20$。双层膜的渗透率 $\bar{P}=\frac{P_1}{l_1}\times\frac{1}{21}$。可见下渗部分的存在使双层复合膜的渗透率下降至原先 1/21。如果希望涂层控制复

合膜的传质性能，则需要尽量减少涂覆层的下渗深度。另一方面，如果希望涂层只起密封表面缺陷的作用，那么有一定的下渗长度可以避免气体分子从渗入部分传质。因此在高选择性气体分离膜的涂覆过程中，往往通过施加压力来促进涂覆液深入渗透到膜的表面缺陷中。

对三层膜应用串联阻力模型得到：

$$\frac{Q}{A\Delta P} = \left[\frac{l_2}{P_2+(P_1-P_2)A_2/A}+\frac{l_1}{P_1}+\frac{l_0}{P_0}\right]^{-1} \quad (6\text{-}25)$$

如果中间层为高渗透性材料，支撑层为低渗透性材料且表面孔隙率较高，则有：

$$\bar{P} = \frac{P_1}{l_1}\left(1+\frac{l_2}{l_1}\times\frac{A}{A_2}+\frac{l_0}{l_1}\times\frac{P_1}{P_0}\right)^{-1} \quad (6\text{-}26)$$

图 6-14 给出了复合膜入侵深度对归一化的气体渗透率的影响。未经预涂覆处理的复合膜（case 1），涂覆层的入侵深度为 $1\mu m$，复合膜的渗透率接近于 0。经过预涂覆处理的复合膜（case2），随着入侵深度的减少，气体渗透率逐渐增加。表面孔隙率高的复合膜，其气体渗透率随入侵深度下降得慢。这是由于有更多的孔道可以提供气体传质。

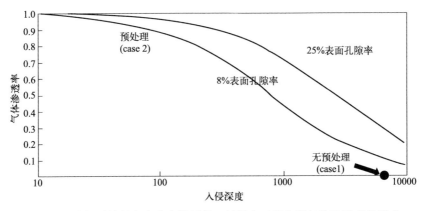

图 6-14 中间层材料向多孔支撑层的入侵深度对复合膜气体渗透率的影响

案例 5：聚乙烯吡咯烷酮/6F-Durene/聚苯乙烯三层复合膜的气体传质性能

传统的三层复合膜的结构为：选择性层、中间层和多孔支撑层。新型三层复合膜的结构为：堵孔层、选择性层和多孔支撑层。新型三层复合膜的优势有：①更薄的选择性层（约 500Å），这一极薄的厚度有助于减少传质阻力，提高气体分离效率；②对选择性层的缺陷的容忍度高（$<10^{-4}$），从而有效避免气体分子通过缺陷进行传质，保证了膜的分离性能。这种三层复合膜的结构和对应的电路串联阻力模型参数如图 6-15 所示。在该模型中，复合膜各层的阻力：R_1 为硅橡

胶堵孔层的阻力；R_2 为聚乙烯吡咯烷酮选择性层的阻力；R_3 为聚苯乙烯膜的皮层的阻力；R_4 为聚砜膜的多孔层的阻力。

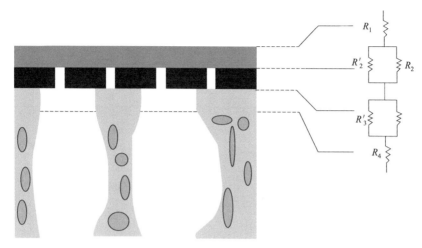

图 6-15　多层复合膜的断面结构以及对应的电路串联阻力模型示意图

聚苯乙烯多孔层的传质阻力：

$$R_{PS} = \frac{R_3 R_3'}{R_3 + R_3'} \tag{6-27}$$

对硅橡胶/聚苯乙烯双层膜的传质阻力：

$$R_{SR/PS} = R_1 + \frac{R_3 R_3'}{R_3 + R_3'} \frac{R_3 R_3'}{R_3 + R_3'} \tag{6-28}$$

对聚乙烯吡咯烷酮/聚苯乙烯双层膜的传质阻力：

$$R_{PVP/PS} = \frac{R_2 R_2'}{R_2 + R_2'} + \frac{R_3 R_3'}{R_3 + R_3'} \frac{R_3 R_3'}{R_3 + R_3'} \tag{6-29}$$

对硅橡胶/聚乙烯吡咯烷酮/聚苯乙烯三层膜传质阻力：

$$R_{SR/PVP/PS} = R_1 + \frac{R_2 R_2'}{R_2 + R_2'} + \frac{R_3 R_3'}{R_3 + R_3'} \frac{R_3 R_3'}{R_3 + R_3'} \tag{6-30}$$

通过实测的复合膜传质性能结合硅橡胶、聚乙烯吡咯烷酮、聚苯乙烯的本征渗透性，可以计算出各层阻力及各层阻力占总体阻力的比例，如表 6-6 所示，可见聚乙烯吡咯烷酮层的阻力占到复合膜总阻力的 90% 以上，三层复合膜的气体传质性质主要由聚乙烯吡咯烷酮层决定。此外，聚苯乙烯层的表面孔隙率为 2%。聚乙烯吡咯烷酮聚合物的 O_2 渗透性为 0.5Barrer，O_2/N_2 选择性为 7。实验结果显示，当聚乙烯吡咯烷酮在甲醇溶液中浓度为 0.5%（质量分数）时，聚乙烯吡咯烷酮层厚度约为 175Å。在此条件下，复合膜 O_2 渗透率 39.7GPU，

O_2/N_2 选择性为 5.0。当聚乙烯吡咯烷酮在甲醇溶液中的浓度提高到 0.7% （质量分数） 时，聚乙烯吡咯烷酮层厚度增加到 277Å，复合膜的 O_2 渗透率相应下降为 32.2GPU，O_2/N_2 选择性为 5.6。与 Air Product 公司的硅橡胶涂覆的聚砜膜相比，其 O_2 渗透率为 25GPU，O_2/N_2 选择性为 6.0。可见硅橡胶/聚乙烯吡咯烷酮/聚苯乙烯三层复合膜的 O_2/N_2 分离性能更出色。

表 6-6　硅橡胶/聚乙烯吡咯烷酮/聚苯乙烯各层传质阻力和占总体阻力的分数 （O_2 渗透率）

膜	聚乙烯吡咯烷酮涂覆液浓度（质量分数）/%	阻力/[cmHg·s/cm³(stp)]			各层阻力分率		
		第一层 R_1	第二层 $\dfrac{R_2 R_2'}{R_2 + R_2'}$	第三层 $\dfrac{R_3 R_3'}{R_3 + R_3'}$	第一层	第二层	第三层
聚苯乙烯	—	—	—	54	—	—	1
硅橡胶/聚苯乙烯	—	2221	—	54	0.9673	—	0.0237
聚乙烯吡咯烷酮/聚苯乙烯	0.1	—	604	54	—	0.9179	0.0821
	0.2	—	971	54	—	0.9473	0.0527
	0.5	—	1315	54	—	0.9606	0.0394
	1.0	—	3354	54	—	0.9842	0.0158
硅橡胶/聚乙烯吡咯烷酮/聚苯乙烯	0.1	61	10021	54	0.0060	0.9887	0.0053
	0.2	61	12172	54	0.0050	0.9906	0.0044
	0.5	61	16727	54	0.0036	0.9932	0.0032
	1.0	61	23776	54	0.0026	0.9952	0.0022

6.6　小结

气体分离膜处理的对象尺寸在 0.5nm 以下，即使膜表面存在亚微米级的孔也会对气体分离性能造成极大的破坏。通过表面涂覆方法可以有效修复缺陷，提高气体分离膜的分离性能，并尽可能容忍表面缺陷。表面涂覆技术使气体分离膜的工业放大成为可能，仍是目前商业化的气体分离膜必不可少的处理步骤。本章通过介绍多层涂覆技术以及气体在多层膜内传质的电路串联阻力模型，解释了多层涂覆提高气体选择性的机理。随着大量高性能气体分离膜材料的开发，利用多层涂敷技术，可以促进昂贵的气体分离膜材料的工业化应用。

参考文献

[1]　Henis J M S, Tripodi M K. The developing technology of gas separating membranes. Science，1983，220 （4592）：11-17.

［2］　Henis J M S，Tripodi M K. Tripodi Composite hollow fiber membranes for gas separation：the resist-ance model approach. J Membr Sci，1981，8：233-246.

［3］　张旭，孟令鹏，李培. 提高硅橡胶的粘附性制备多层复合膜. 膜科学与技术，2020，40（6）：45-52.

［4］　Li P，Chen H Z，Chung T S. The effects of substrate characteristics and pre-wetting agents on PAN‐PDMS composite hollow fiber membranes for CO_2/N_2 and O_2/N_2 separation. J Membr Sci，2013，434：18-25.

［5］　Chen H Z，Thong Z W，Li P，et al. High performance composite hollow fiber membranes for CO_2/H_2 and CO_2/N_2 separation. Int J Hydro Energ，2014，39：5043-5053.

［6］　Chung T S，Shieh J J，Lau W Y W，et al. Fabrication of multi-layer microporous composite mem-branes for air separation. J Membr Sci，1999，152：211-225.

［7］　Chung T S. A review of microporous composite polymeric membrane technology for air-separa-tion. Polym Polym Compos，1996，4：269-283.

［8］　Yave W，Car A，Wind J，et al. Nanometric thin film membranes manufactured on square meter scale：ultra-thin films for CO_2 capture. Nanotechnology，2010，21：395301.

［9］　Markovic A，Stoltenberg D，Enkeb D，et al. Gas permeation through porous glass membranes，part I. mesoporous glasses-effect of pore diameter and surface properties. J Membr Sci，2009，336：17-31.

［10］　Peter J，Peinemann K V. Multilayer composite membranes for gas separation based on crosslinked PTMSP layer and partially crosslinked Matrimid 5218 selective layer. J Membr Sci，2009，340：62-72.

第7章
气体分离膜材料设计

7.1 引言

本章将介绍聚合物和聚合物/纳米填料混合基质气体分离膜材料的一些设计方法。理想的聚合物膜应该同时具有高渗透性和高选择性。然而聚合物膜材料通常表现出高渗透性与低选择性或是低渗透性与高选择性。在 1991 年,Robeson 将聚合物气体分离膜的高渗透性和高选择性不能兼得的现象称为"跷跷板"("Trade-off")效应,并且定义了聚合物膜可能取得的渗透性和选择性的上限,称为"Robeson's upper limit"[1]。从图 7-1 中可以看出气体分离性能最好的膜材料在 Robeson 上限的附近,因此这条线定义了聚合物膜渗透性和选择性二者的上限。Freeman 在 1999 年为这种现象提供了理论基础,并提出解决这一难题的两种方案:一是提高膜材料的溶解选择性;二是提高聚合物链的刚性或玻璃化转变温度(T_g)。提高刚性可以限制聚合物链的致密堆积,从而提高聚合物的平均链间距和增加渗透性,提高链刚性则提升了聚合物的分子筛分性能和强化扩散选择性[2]。研究人员通过设计具有坚硬扭曲的聚合物膜材料,合成出很多超过了1991 年上限的聚合物,所以 Robeson 在 2008 年重新修订了气体分离膜的性能上限"2008 upper bound"[3]。近年来,随着科研人员的不断创新,一些新型聚合物膜材料,如自具微孔聚合物(PIM)、热重排聚合物的气体分离性能超越了2008 年的上限[4]。但这一分离性能的上限仅针对纯气体测试的情况。纯气体的分离性能并不能代表工业使用中膜的性能,尤其是在分离易冷凝气体时,会面临竞争吸附和塑化等问题。"跷跷板"效应并不是聚合物膜商品化的唯一障碍,聚合物膜材料在实际操作中还需要解决长期运行中的分离性能退化的问题。本章将简单介绍通过分子结构调整提高聚合物膜的气体分离性能的方法,在聚合物中共混纳米材料提高气体分离性能的方法，以及提高聚合物膜抗塑化能力的方法。

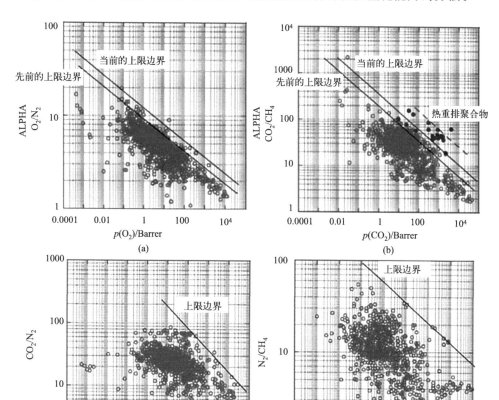

图 7-1　不同气体间的 "2008 Robeson's 跷跷板效应" 上限[3]

7.2　通过分子结构设计，调控聚合物的自由体积、渗透性和选择性的方法

实例 1：双酚 A 聚碳酸酯类（polycarbonate）聚合物

如表 7-1 所示，当双酚 A 聚碳酸酯的苯环上取代基为甲基、氯和溴时，其玻璃化转变温度逐渐升高[5]。这一现象说明当聚合物主链的取代基体积逐渐增加时，主链沿着芳香醚键的旋转难度加剧，造成分子链的柔性下降、玻璃化转变温

度的提高。另一方面，随着取代基体积的增加，聚合物的链间距也相应增加。主
链柔性降低限制了气体分子的扩散，会导致气体的渗透性降低；链间距增加在升
高气体渗透性的同时可能导致选择性下降。因此，聚碳酸酯的总体渗透性和选择
性受主链柔性和自由体积（链间距）共同影响。当取代基由质子变为甲基时，链
间距的增大使聚合物的堆积密度减小，玻璃化转变温度的升高提升了主链硬度和
扩散选择性。在两者的共同作用下，聚碳酸酯的氧气渗透性提升了 4 倍，并维持
了 O_2/N_2 的选择性。进一步，当取代基替换为氯和溴时，玻璃化转变温度显著
升高，使 O_2/N_2 的选择性由 5.0 升高到 7.0，同时维持了 O_2 的渗透性。由此可
见，通过改变取代基的种类（见图 7-2），可以在增加聚合物主链硬度的同时增加
自由体积，从而同时升高气体渗透性和选择性，突破聚合物材料的渗透性与选择
性之间的"跷跷板"效应限制。

表 7-1　不同取代基双酚 A 聚碳酸酯的物理性能

聚合物	结构	简称	密度/(g/cm³)	T_g/℃
双酚 A 聚碳酸酯	X＝H	PC	1.200	150
四甲基双酚 A 聚碳酸酯	X＝CH₃	TMPC	1.083	193
四氯双酚 A 聚碳酸脂	X＝Cl	TCPC	1.415	230
四溴双酚 A 聚碳酸脂	X＝Br	TBPC	1.953	263

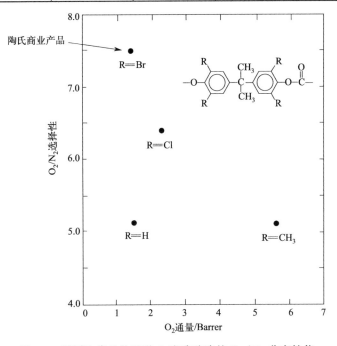

图 7-2　不同取代基的双酚 A 聚碳酸酯的 O_2/N_2 分离性能

实例 2：聚酰亚胺气体分离膜材料[6]

实例 2 给出了 6 种聚酰亚胺，其酸酐分别为 6FDA 和 PMDA，二胺则为 ODA、MDA 或 IPDA。与 PMDA 相比，6FDA 分子中有大体积的 CF_3 基团，会限制聚合物主链的旋转，并增加聚合物链间距。三种氨基中两个苯环分别由醚键、CH_2 和 $C(CH)_3$ 连接，随着官能团尺寸的增加也会限制聚酰亚胺主链的旋转。对比 PMDA-ODA、PMDA-MDA 和 PMDA-IPDA，可以发现随着二胺单体中官能团尺寸的增加，平均链间距由 4.6Å 提高到 5.5Å，密度由 $1.40g/cm^3$ 降低至 $1.28g/cm^3$。对比 6FDA-ODA、6FDA-MDA 和 6FDA-IPDA，这三种聚酰亚胺的密度和平均链间距变化不大。这时由于 6FDA 中的 CF_3 基团的大体积效应，增加二胺单体中主链基团尺寸对聚酰亚胺链间距的增加影响较小。6 种聚酰亚胺对 CO_2/CH_4 的气体分离性能如图 7-3 所示。随着分子中官能团的体积的增加，CO_2 渗透性也随之增强。在 PMDA 系列中，CO_2 渗透率之间的关系为 PMDA-IPDA＞PMDA-MDA＞PMDA-ODA；而在 6FDA 系列中，则为 6FDA-IPDA＞6FDA-ODA≈6FDA-MDA。此外，基于 6FDA 的聚酰亚胺在气体分离性能上优于基于 PDMA 的聚酰亚胺。这表明大体积的官能团 CF_3 在增加聚合物链间距的同时很好限制了聚合物主链的转动，提高了气体渗透性同时维持了分子筛分性能。这种调控聚合物性能的思想在自具微孔聚合物（PIM）和热重排（TR）聚合物中得到了进一步的体现。研究者通过设计坚硬且扭曲的聚合物链结构，使聚合物拥有高自由体积和高玻璃化转变温度，从而实现了超高的气体渗透性和良好的气体筛分性能。

实例 3：聚酰亚胺的主链中苯环间以邻位和对位的醚键连接对气体分离性能的影响

合成聚酰亚胺时可以通过调整苯环之间连接键的位置制备对位（para）和间位（meta）连接的聚酰亚胺。如图 7-4 所示的 PMDA-4,4'-ODA 和 PMDA-3,3'-ODA，与对位 ODA 相比，间位 ODA 有更高的柔性。对位连接的 PMDA-4,4'-ODA 的苯环之间的距离更远，空间位阻效应高，加大了相邻聚合物链之间的距离。因此对位连接的 PMDA-4,4'-ODA 有更高的气体通量，但气体选择性低于间位连接的同类型聚合物。类似的规律对 6F-聚酰亚胺同样成立。当大体积基团 $C(CF_3)_2$ 在对位时，6F-聚酰亚胺有高气体渗透性但选择性低。

当对比 PMDA 和 6FDA 分子时，6FDA 中的 $C(CF_3)_2$ 基团限制了主链的旋转，提高了链刚性，限制了聚合物链的致密堆积。因此，6FDA 型聚酰亚胺的气体渗透性远高于 PMDA 型聚酰亚胺。由于 6FDA 型聚酰亚胺链刚性的提高，其展现出与 PMDA 型聚酰亚胺接近甚至略高的选择性。这同样印证了高性能聚合物分离膜的设计思路：合成刚性好、难以紧密堆积的聚合物。

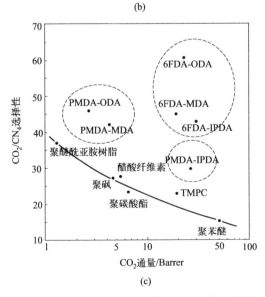

聚合物薄膜的密度和d-Spacing的比较

聚合物	密度/(g/cm³)	d-Spacing/Å	聚合物	密度/(g/cm³)	d-Spacing/Å
PMDA-ODA	1.40	4.6	6FDA-ODA	1.43	5.6
PMDA-MDA	1.35	4.9	6FDA-MDA	1.40	5.6
PMDA-IPDA	1.28	5.5	6FDA-IPDA	1.35	5.7

d-Spacing是由广角X射线衍射(WAXD)用
Bragg方程确定的。$n\lambda=2d\sin\theta$。它们代表了
聚合物的近似平均段间距离

(b)

(c)

图 7-3 PMDA 和 6FDA 型聚酰亚胺材料的分子结构（a）、物理性能（b）和气体分离性能（c）

PMDA-4,4′-ODA

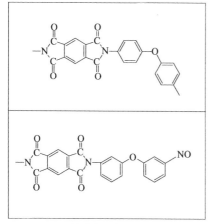

PMDA-3,3′-ODA

两种聚酰亚胺异构体的层内(转动)迁移率的差异：PMDA-4,4′-ODA(对位异构体)和PMDA-3,3′-ODA(偏异构体)。气体渗透性和选择性的例子：

异构体	$P(CO_2)$	$P(CO_2)$ /$P(CH_4)$	$P(O_2)$	$P(O_2)$ /$P(N_2)$
PMDA-4,4′-ODA	1.14	43	0.22	4.5
PMDA-3,3′-ODA	0.50	62	0.13	7.2

渗透率系数单位：$10^{-10} cm^3$(STP)cm/($cm^2 \cdot s \cdot cmHg$)

温度：35.0℃；压差：6.8atm

PMDA与6FDA掺入对ODA基聚酰亚胺渗透性和选择性影响的比较

聚合物	P_{He} /Barrer	α(He/CH$_4$)	P_{CO_2} /Barrer	α(CO$_2$/CH$_4$)	P_{O_2} /Barrer	α(O$_2$/N$_2$)	d-spacing
PMDA-ODA	8.0	134.9	2.7	45.9	0.61	6.1	4.6
6FDA-ODA	51.5	135.4	23.0	60.5	4.34	5.2	5.6

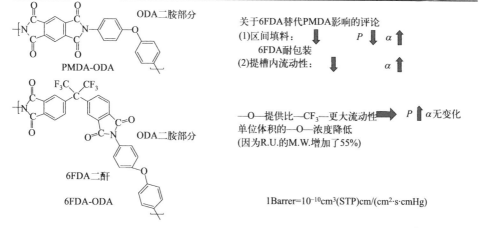

ODA二胺部分

PMDA-ODA

关于6FDA替代PMDA影响的评论
(1)区间填料：　　　↓　　　P ↓ α ↑
　　　6FDA耐包装
(2)提槽内流动性：　↓　　　　　α ↑

—O—提供比—CF$_3$—更大流动性　⟹　P ↑ α无变化
单位体积的—O—浓度降低
(因为R.U.的M.W.增加了55%)

6FDA二酐

6FDA-ODA

1Barrer=$10^{-10} cm^3$(STP)cm/($cm^2 \cdot s \cdot cmHg$)

图 7-4　临位和间位的聚酰亚胺的气体分离性能和物理化学性能比较[7]

实例 4：通过共聚方法调节聚合物的气体分离性能

　　如表 7-2 所示，两种聚酰亚胺：6FDA-Durene 的 CO_2 通量高，但 CO_2/CH_4 的选择性低；6FDA-pPDA 的 CO_2 通量低，但 CO_2/CH_4 的选择性高。可以通过共聚法合成 6FDA-Durene/pPDA 聚合物。这种随机共聚物的气体分离性能满足均相共混的半对数线性拟合规律（semi-logarithmic rule）。

$$\ln P = \sum \phi_i \ln P_i = \phi_1 \ln P_1 + \phi_2 \ln P_2 \tag{7-1}$$

　　式中，ϕ_1 为组分 1 的体积分数；ϕ_2 为组分 2 的体积分数；P_1、P_2 为纯组分 1、2 的渗透性。均相混合物的理想气体选择性为：

$$\ln\left(\frac{P_A}{P_B}\right)=\phi_1\ln\left(\frac{P_A}{P_B}\right)_1+\phi_2\ln\left(\frac{P_A}{P_B}\right)_2 \tag{7-2}$$

如图 7-5 所示，6FDA-Durene/pPDA 气体渗透性的对数值与其组分 1 的体积分数满足线性关系。

表 7-2　两种聚酰亚胺的 CO_2 通量与 CO_2/CH_4 的选择性[8]

聚合物结构式	P_{CH_4}/Barrer	P_{CO_2}/Barrer	$\alpha(CO_2/CH_4)$
6FDA-Durene	28.32	456	16.1
6FDA-pPDA	3.53	15.3	54.0
6F-[Durene/pPDA(50：50)]	4.82	126	26.1

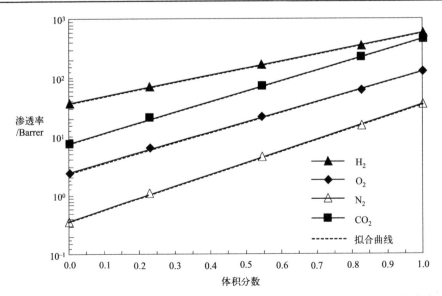

图 7-5　6FDA-Durene 组分体积分数对 6FDA-Durene/mPDA 聚酰亚胺渗透性的影响

7.3　无机膜材料的气体渗透性和选择性

如图 7-6 所示，沸石和碳分子筛的气体分离性能远高于聚合物膜，因此，由分子筛制备气体分离膜将具有更卓越的气体分离性能。在第 5 章中，我们详细介绍了气体分子在聚合物中的传质机制，这一过程可以用分子的随机行走模型描述。气体分子的传质速度取决于气体分子的尺寸、聚合物的自由体积以及气体分子和聚合物之间的相互作用大小。气体分子的扩散实际上是聚合物分子由于热运动产生瞬时空穴（gap or hole）所驱动的，伴随着空穴的塌陷，气体分子在聚合物链之间发生跳跃运动。在分子筛中，气体分子的扩散机制有所不同。气体分子首先吸附在分子筛的大孔中，通过吸收能量（即活化）后，在分子筛孔中跳跃，并经过最狭窄的部分到达分子筛的另一侧。在分子筛中，扩散阻力主要来源于分子筛内狭窄处对气体分子的排斥作用。

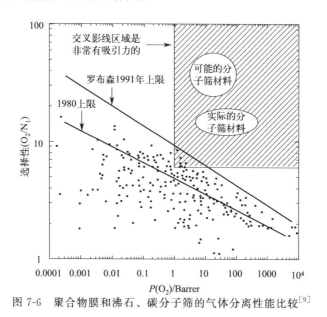

图 7-6　聚合物膜和沸石、碳分子筛的气体分离性能比较[9]

如图 7-7 所示，4A 型沸石分子筛中存在连通的孔道。孔道的直径不均匀，最狭窄处的直径是 3.8Å。当氧气和氮气分子在 4A 型沸石分子筛中传质时，扩散速度不同。图中给出两种分子的空间结构：氧气分子直径最大处为 3.75Å，最小处为 2.68Å；氮气分子直径最大处为 4.07Å，最小处为 3.09Å。由于 4A 型分子筛最小处的孔道距离为 3.8Å，氧气分子可以自由通过，而氮气分子只有沿着短轴旋转到某个角度的范围内才能透过孔道。分子筛对气体分子的这种空间结构的选择性通过现象称为熵选择性（entropically selectivity）[10]。氧气的动力学直径为 3.46Å，氮气的动力学直径为 3.64Å。两种气体分子的平均直径均小于 4A型分子筛的最小孔道直径，因此都可以通过 4A 型分子筛。但由于两种气体分子的空间结构不对称，氮气分子只有旋转到特定的角度才能穿过分子筛。这使得允许氮气分子透过分子筛的概率小于氧气分子，因此分子筛具备了对 O_2/N_2 气体对的选择性透过能力。这种与气体分子朝向的概率相关的选择性透过能力和统计熵的概念一致，因此称为熵选择性。

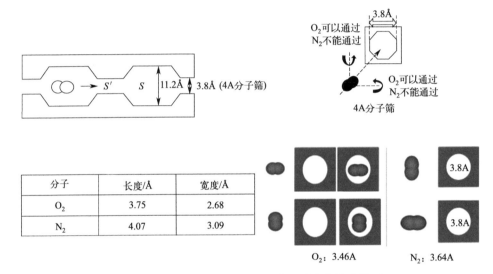

分子	长度/Å	宽度/Å
O_2	3.75	2.68
N_2	4.07	3.09

图 7-7　O_2 和 N_2 分子在 4A 型沸石膜中的传质模型

根据 $D = \lambda^2 \dfrac{kT}{h} \exp\left(\dfrac{S_d}{R}\right) \exp\left(-\dfrac{H_d}{RT}\right)$ 可推导气体 A 对 B 的扩散选择性，如果假设 A 和 B 的平均跳跃长度 $\dfrac{\lambda_A}{\lambda_B} \approx 1$，则有：

$$\frac{D_A}{D_B} = \exp\left(\frac{S_{d,A} - S_{d,B}}{R}\right) \exp\left(-\frac{H_{d,A} - H_{d,B}}{RT}\right) = \exp\left(\frac{\Delta S_d}{R}\right) \exp\left(-\frac{\Delta H_d}{RT}\right)$$

$$(7\text{-}3)$$

式中，$\exp\left(\dfrac{\Delta S_d}{R}\right)$ 为熵选择性；$\exp\left(-\dfrac{\Delta H_d}{RT}\right)$ 为焓选择性。熵选择性由渗透分子的尺寸和形状、聚合物的自由体积和自由体积分布（对分子筛则是分子筛的孔隙率和孔径分布）、聚合物的链柔性（分子筛为刚性材料，柔性极小）和聚合物链的热运动决定。熵选择性由渗透分子的临界温度、易冷凝性、渗透分子和膜材料的相互作用、膜材料的自由体积和自由体积分布决定。对于分子筛材料，如陶瓷材料和碳分子筛，其具有连通的孔道，因此气体渗透速度快。由于这些材料具备坚硬且有序的骨架结构，它们的熵选择性高，因此无机膜材料的气体分离性能通常高于有机膜材料。

7.4　聚合物/纳米材料混合基质膜的气体传质性能

分子筛材料比较脆，难以大规模制备。为了克服这一难题，同时结合聚合物优异的加工性能和分子筛优良的气体分离性能，制备聚合物/分子筛共混膜得到了广泛研究。混合纳米填料混合基质膜（mixed matrix membrane）的概念首先由 Universal Oil Products（UOP）公司的科学家 Santi Kulprathipanjia，R. W. Nousil 和 Norman N. Li 在专利中提出[11]。随后，聚合物/纳米材料混合基质膜引发了膜科学家和工程师的广泛关注和研究，其中，University of Twente、美国的 Koros 教授以及新加坡的 Chung 团队在该领域的研究最为深入和充分。

混合基质膜的制备方法如图 7-8 所示，具体步骤如下：①在聚合物溶液中混入纳米材料，通过搅拌使纳米材料混合均匀；②将聚合物/纳米材料的混合溶液浇铸在玻璃板上，用刮刀使聚合物溶液的厚度均一；③在真空环境中使溶剂挥发，得到聚合物/纳米材料混合基质膜。混合基质膜的断面形貌如图 7-8 电镜照片所示，可见颗粒状的物体代表纳米填料。通过浇铸-蒸发法制备的混合基质膜厚度在 $50 \sim 100 \mu m$。这种膜主要用于研究膜材料在气体分离性能方面的表现，然而，由于其气体通量极低，目前尚不具备工业应用前景[12]。

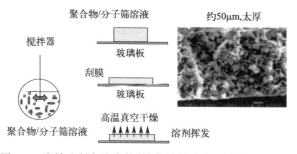

图 7-8　浇铸法制备聚合物/纳米材料混合基质膜的流程图

7.4.1 聚合物/混合基质膜的气体传质模型

混合基质膜的典型形貌如图 7-9 所示，晶体状的沸石填料均匀分布在无定形的聚合物基质中。这种形貌说明聚合物/纳米共混的形式为异相共混，存在不同的相态结构。描述均相共混和共聚的半对数线性模型[式(7-1)、式(7-2)]不再适用。而描述异相共混膜传质行为的模型为 Maxwell 模型。

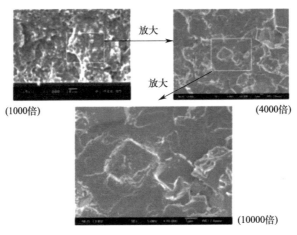

图 7-9　聚醚砜/分子筛混合基质膜的电镜照片

$$P_{eff} = P_C \left[\frac{P_D + 2P_C - 2v_D(P_C - P_D)}{P_D + 2P_C + v_D(P_C - P_D)} \right] \tag{7-4}$$

式中，P_{eff} 为混合基质膜的整体渗透性；v 为体积分数；下标 D 代表分散相，C 代表连续相。当连续相的渗透性高于分散相渗透性时，增加分散相的体积将提高混合基质膜的气体渗透性，反之将降低渗透性。如图 7-10 所示，我们期望的变化如箭头所示，即混合基质膜的气体渗透性和选择性随着填料体积增加而同时增加。但是在实验中发现选择性的提高常常伴随着气体渗透性的降低。

在聚合物/纳米混合基质膜的制备过程中，常会遇到以下问题：①膜的厚度过大；②纳米粒子和聚合物基质之间出现界面相；③低渗透性。为了获得高气体通量或渗透率，气体分离膜的选择性层厚度需要控制在 $1\mu m$ 以下。很多纳米填料的颗粒尺寸处于微米级别，当成膜过程中发生颗粒团聚时，将进一步增大颗粒的尺寸。为了使聚合物完全包覆纳米颗粒，往往会导致聚合物/纳米混合基质膜的致密分离层厚度过高，影响其气体传质性能。在形成聚合物/纳米材料混合基质膜后，由于纳米材料为无机材料，它的表面性质和有机聚合物有很大差异。因此在混合基质膜形成后，聚合物和纳米材料在界面处发生剥离现象。如图 7-11

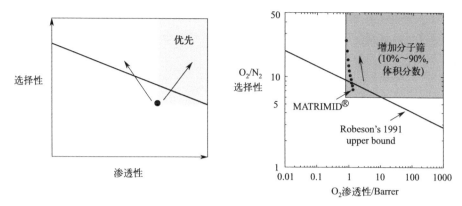

图 7-10　聚合物/纳米共混膜的气体分离性能随纳米填料体积的增加而带来的变化

所示，在 4A 沸石分子筛和 Matrimid 聚酰亚胺的混合基质膜中，明显出现了缺陷。气体分子在穿过聚合物层后，倾向于在缺陷中传质，从而降低了 4A 沸石分子筛对气体对的筛分效果。

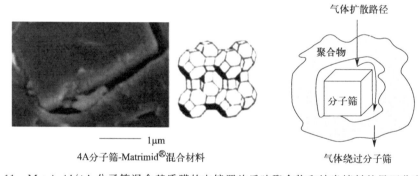

图 7-11　Matrimid/4A 分子筛混合基质膜的电镜照片反映聚合物和纳米填料的界面分离现象

无机填料和聚合物基质之间界面缺陷形成可能有以下几个原因：①聚合物和纳米材料之间的相互作用力弱，无法形成稳定的界面结合；②在溶剂挥发过程中，纳米材料和聚合物的收缩速率不同造成两者在界面处分裂；③聚合物链的柔性差，不能自由运动对纳米材料形成有效包覆。消除界面分离的方法有以下几种：①对纳米材料表面改性处理，提高其与聚合物的相互作用力；②减慢溶剂挥发速度，使聚合物链有充分的时间松弛并包覆纳米材料；③使用高沸点溶剂制膜，利用高沸点溶剂的难挥发特点减慢溶剂挥发速度。

实例 5：通过表面改性沸石分子筛，改善界面相容性

如图 7-12 所示，沸石分子筛表面含有的—OH 官能团可以和硅烷偶联剂反应。反应后在沸石表面接枝了硅烷偶联剂，使沸石表面具有了聚合物的性质。进一步，如图 7-13 所示，聚合物和未经表面处理的沸石（分子筛 3A，4A，5A）

共混后成膜时，其断面处出现了明显的界面分离现象。而经过表面处理的沸石和聚合物进行共混时，两者间则呈现出了紧密的结合状态，未出现界面剥离现象。

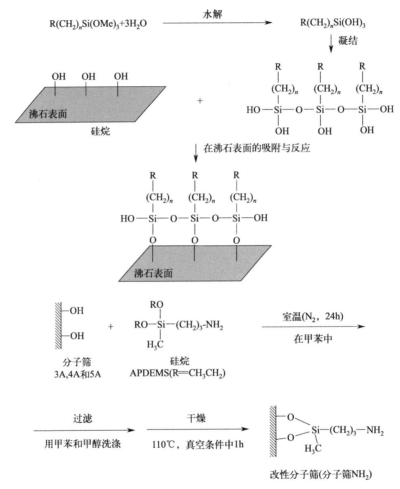

图 7-12　通过硅烷偶联剂改善沸石分子筛的表面性能，制备 Matrimid/分子筛混合基质膜[13]

实例 6：沸石/聚合物态室温离子液体/室温离子液体混合基质膜[14]

近年来出现了一种新颖的有机物-室温离子液体。室温离子液体由有机阳离子和无机或有机的阴离子组成，显著特点是其在室温条件下为液态，与常见的无机离子化合物（如 NaCl）在相同条件下形成鲜明对比。此外，室温离子液体和其他溶液不同，其挥发性极低。因此，可以将室温离子液体、聚合物和纳米填料共混。在共混体系中，如沸石/聚合物态室温离子液体/室温离子液体混合基质膜（见图 7-14），室温离子液体可以填充聚合物和纳米离子之间的界面，形成稳定的界面相。由于室温离子液体不易挥发，因此混合基质膜的物理性质稳定。

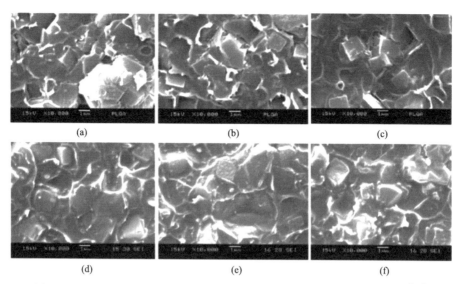

图 7-13　经过表面化学改性后的沸石分子筛与聚合物基质的断面电镜照片[14]

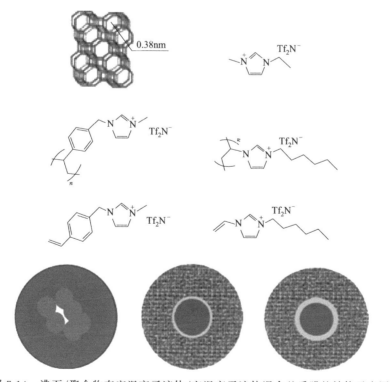

图 7-14　沸石/聚合物态室温离子液体/室温离子液体混合基质膜的结构示意图

7.4.2 聚合物/纳米共混材料的低通量现象

在制备混合基质膜的过程中，会出现混合基质膜的气体渗透率比聚合物基质和纳米材料的渗透性都低的现象。这可能是由两个原因导致的：①在纳米材料表面的聚合物链段运动受限，提高了气体分子的传质阻力；②纳米材料的表面孔被聚合物链堵塞。如 7-15 图所示。

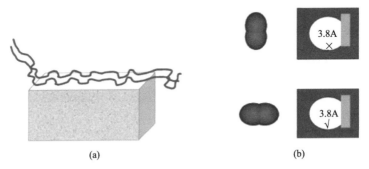

图 7-15   在纳米混合基质膜中纳米材料表面聚合物链硬度提高（a），
孔的一部分被聚合物链阻挡的现象（b）

实例 7：聚合物链的硬化和孔道部分堵塞对混合基质膜的气体传质性能影响[15]

图 7-16 给出聚醚砜/4A 分子筛混合基质膜的相态结构和传质模型。混合基质膜包含三种相：聚合物相、沸石分子筛相和聚醚砜/4A 分子筛界面相。聚合物相为连续相，其渗透性为 P_C；4A 分子筛相为分散相，它的本体渗透性为 P_D。界面相为聚合物链硬化后的相，其渗透性定义为：$P_{rig} = P_C/\beta$。4A 分子筛表面孔被堵塞后的渗透性定义为：$P_{blo} = P_D/\beta'$。通过实验测量和公式拟合，得到了各部分的渗透性如表 7-3 所示。

表 7-3   聚醚砜/4A 分子筛混合基质膜中各相对氧气、氮气的渗透性

项目	P_C	P_{rig}	P_{blo}	P_D
O_2	0.479	0.160	0.00308	0.770
N_2	0.0825	0.0206	0.00208	0.0208

当分子筛表面的孔没有被堵塞时，氧气分子能够沿着其长、短轴旋转而顺利进入分子筛。但当部分孔表面被堵塞后，允许氧气分子进入的旋转自由度被严重限制，导致其渗透性显著降低。对于氮气分子，可以进入分子筛孔的氮气分子需要严格的空间走向。在这种条件下，孔堵塞对氮气的传质影响较小。因此在发生

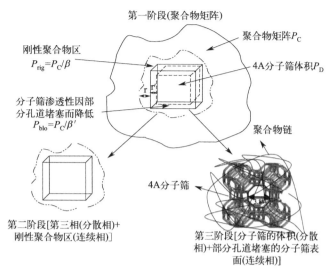

图 7-16　聚醚砜/4A 分子筛混合基质膜中各个部分的气体传质模型[13]

孔堵塞后，氧气渗透性的下降程度远远大于氮气分子。因此孔堵塞后，分子筛的 O_2/N_2 选择性下降了。为了估算不同相的气体渗透性能，人为设定：β 对氧气是 3，对氮气是 4；β' 对氧气是 250，对氮气是 10。

7.5　抗塑化聚合物膜材料的设计方法

　　天然气提纯是气体分离膜技术的重要应用之一，其目标在于从含有多种组分的原始气体中分离出高纯度的甲烷。未处理的天然气中含有甲烷（70%～90%）、乙烷、丙烷、丁烷（0～20%）、二氧化碳（0～8%）、氧气（0～0.2%）、氮气（0～5%）、硫化氢（0～0.5%）以及其他痕迹量的稀有气体。其中，烷烃、二氧化碳和硫化氢等杂质因其特定的化学性质，会导致聚合物溶胀，进而降低选择性。当前的商业化的天然气分离膜如表 7-4 所示。天然气分离膜的材料主要为聚酰亚胺和醋酸纤维素，膜组器形式为中空纤维和卷式膜。以醋酸纤维素为例，其理想 CO_2/CH_4 选择性为 40～50，而实际选择性仅为 15。这一数据差异凸显了天然气提纯过程中气体分离膜技术面临的挑战和进一步优化提升的必要性。

表 7-4　商业化气体分离膜的信息

商品名	分离体系	膜组件	膜材料
Medal(Air Liquide)	CO_2	中空纤维	聚酰亚胺
W. R. Grace	CO_2	卷式	醋酸纤维素

续表

商品名	分离体系	膜组件	膜材料
Separex(UOP)	CO_2	卷式	醋酸纤维素
Cynara(Natco)	CO_2	中空纤维	醋酸纤维素
ABB(MTR)	CO_2,N_2,C_3+烃类	卷式	氟化聚合物、聚二甲基硅氧烷
Permea(Air Product)	水	中空纤维	聚砜

如图 7-17 所示，随着 CO_2 分压的升高，气体渗透性呈现先下降后上升的趋势。下降的原因是玻璃态聚合物中的 Langmuir 吸附饱和导致溶解度系数下降。而升高的原因是聚合物溶胀后柔性提高，气体扩散速度上升。气体渗透性的拐点对应的 CO_2 压力点被定义为溶胀压力。对于复合膜（如图 7-17 右图所示），可以观察到气体渗透率的上升以及选择性的下降。

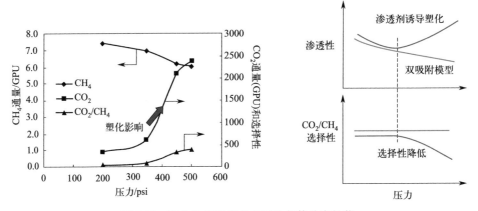

图 7-17　聚合物在溶胀状态下的气体分离性能

混合气体选择性和溶胀的关系可由式(7-5) 描述：

$$\ln\alpha_{A/B}^m = -\lambda_{A/B}\ln P_A^m + \ln\beta_{A/B} - \frac{[\lambda_{A/B}B_B+(1-\lambda_{A/B})B_A]\alpha_g(T_g-T_{g,m})}{FFV_m FFV_p}$$

$$(7-5)$$

式中，上、下标 m 和 p 分别代表混合体系和纯聚合物体系；B 为常数；α_g 为纯气体选择性；T_g 为纯聚合物的玻璃化转变温度；$T_{g,m}$ 为溶解气体后的聚合物玻璃化转变温度。T_g 和 $T_{g,m}$ 的关系如式(7-6) 所示：

$$\frac{1}{T_{g,m}} = \frac{W_p}{T_{g,p}} + \frac{W_d}{T_{g,d}}$$

$$(7-6)$$

式中，W_p、W_d 是聚合物、气体的质量分数；$T_{g,p}$、$T_{g,d}$ 是聚合物、气体分子的玻璃化转变温度。由于 CO_2 的 $T_{g,d}$ 低（108K），随着 CO_2 溶解量（W_d）的升高，聚合物的玻璃化转变温度（$T_{g,m}$）下降（溶胀现象），导致 $\alpha_{A/B}^m$ 下降。气体渗透率高的聚合物通常自由体积多，会吸附更多的 CO_2，使相邻聚合物链距离增大（溶胀），导致玻璃化转变温度和 CO_2/CH_4 选择性下降得更严重。因此，为提高耐溶胀性能，需要使聚合物有稳定的三维空间结构，从而达到抑制溶胀的目的。可采用化学交联方法，使交联剂和聚合物反应生成共价键。共价键将相邻聚合物链连接起来，避免被 CO_2 分子溶胀。

实例 8：用对苯二甲胺交联 6FDA-Durene 致密膜

如图 7-18，将 6F-Durene 膜浸泡在含对苯二甲胺的甲醇溶液中，随后进行干燥处理，成功制备了交联聚酰亚胺膜[16]。如图 7-19 所示，随着浸泡时间的延长，交联聚酰亚胺膜的气体渗透性逐渐降低。说明交联度提高会导致气体传质阻力的增加。为了明确交联结构对气体扩散性能和溶解性能的影响，图 7-20 展示了交联膜归一化后的扩散系数和溶解度系数。可见不同交联膜之间的溶解度系数变化幅度很小，而扩散系数下降明显。因此，交联作用对气体传质性能的影响主要体现为限制气体分子在膜中的扩散速度。进一步，图 7-21 的结果表明，交联作用对气体选择性的影响存在复杂性，具体表现为对不同的气体的选择性影响可能不同。例如，He/N_2 和 O_2/N_2 的选择性随着交联密度的升高而提高，但对 CO_2/N_2 的选择性降低。因此，需要进一步研究分子交联对气体溶解性和扩散性的影响才能明确气体选择性的变化原因。

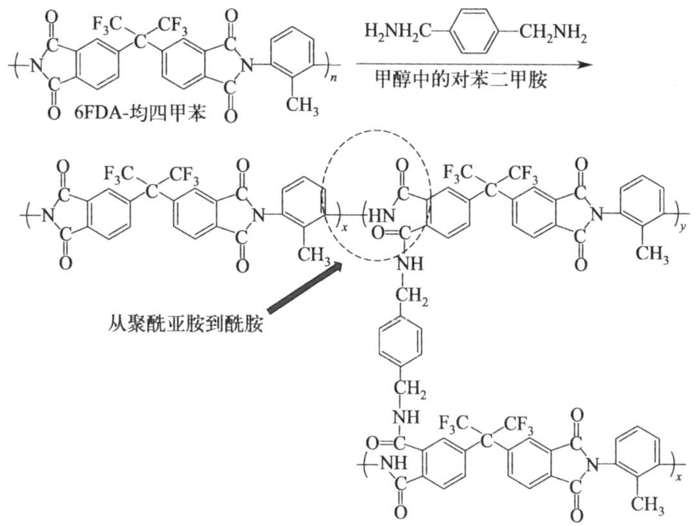

图 7-18　用对苯二甲胺交联 6FDA-Durene 聚酰亚胺致密膜[17]

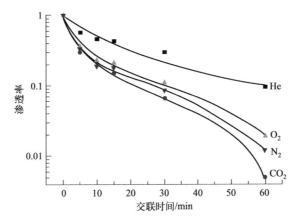

图 7-19　交联时间对气体渗透性的影响

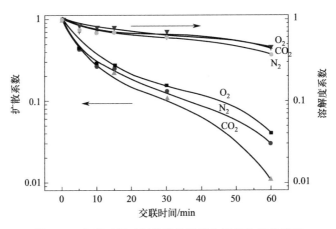

图 7-20　交联时间对气体扩散性能和溶解性能的影响

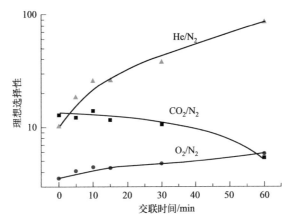

图 7-21　交联时间对理想选择性的影响

实例 9：用对苯二甲胺交联 6FDA-2，6DAT 中空纤维气体分离膜[18]

如图 7-22 所示，随着交联时间的延长，中空纤维膜的气体渗透率呈现下降趋势，符合前文中聚合物渗透性随交联时间增加而降低的规律。而未交联膜的 CO_2 渗透率随 CO_2 分压的上升而提高，这一现象表明膜体被逐渐塑化。这种塑化程度随着交联时间的增长而降低，表明交联提高了气体分离膜的传质稳定性。二胺交联剂的种类繁多，除了以上介绍的对苯二甲胺，还可以用其他氨基交联剂，这为化学交联方法提供了更多的选择。

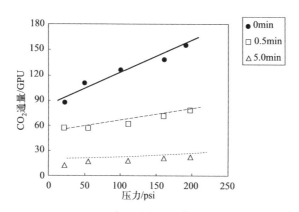

图 7-22　6FDA-2，6DAT 中空纤维的气体渗透率随交联时间的变化

实例 10：化学交联法中的原位交联方法

化学交联是提高聚合物膜耐溶胀性能的常用方法之一[19]。在常规的交联方法中，如使用二胺小分子对聚酰亚胺进行交联，通常采取先制备膜材料，后引入交联剂的策略。然而，这种方法存在一个显著的问题：由于二胺小分子首先要扩散到聚酰亚胺内部并占据大量的自由体积。随着交联反应的进行，聚合物链的硬度会显著提高，进而导致交联聚合物的气体渗透率明显下降。为了克服这一难题，原位交联技术应运而生。该技术先将交联分子接枝在聚合物的侧链上，并在成膜后引发交联反应，从而避免了交联过程中自由体积被交联剂填充的问题。由此方法以丙二醇分子通过酯基交联 6FDA-DAM：DABA（3：2），交联后膜的 CO_2 渗透率没有明显下降。

图 7-23 展示了 Koros 研究团队采用的聚酰亚胺交联方法[22]。整个交联过程可细分为以下三个关键步骤：第一步，通过缩合反应（condensation reaction）生成侧链含有羧基的聚酰亚胺。第二步，将第一步反应得到的聚酰亚胺和过量的二羟基丙烷发生酯化反应。采用过量的二羟基丙烷的目的是防止在这一步发生交联反应。在发生交联反应之前，酯化的聚酰亚胺材料溶解于 N-甲基吡咯烷酮（NMP）中被制成中空纤维膜，如图 7-24 所示。第三步，将中空纤维膜在真空中进行加热处理，触发热交联反应，最终得到耐溶胀的中空纤维膜。

(a)

(b)

△,真空

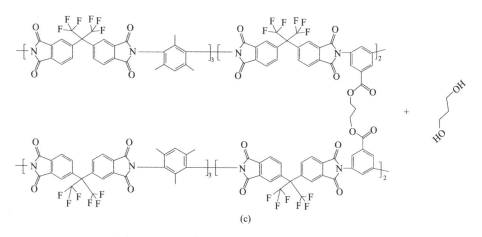

图 7-23 通过酯化反应交联聚酰亚胺的合成途径

（a）合成侧链含有羧基的聚酰亚胺[20]；

（b）将羧基做酯化处理形成侧链为一侧是酯基另一侧是羟基的官能团[19]；

（c）在两个官能团之间发生的酯化交联反应[21]

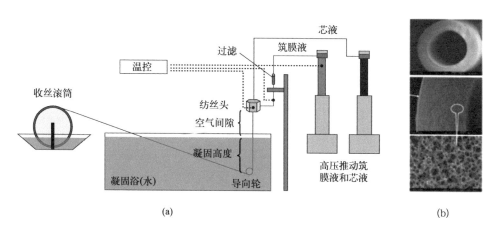

图 7-24 （a）中空纤维膜制备示意图；（b）中空纤维膜
横截面的非对称性结构（表面皮层及多孔支撑层）扫描电镜图[23]

表 7-5 交联前与交联后 CO_2 ，CH_4 在膜中的扩散性能（实验条件：35℃ ，65psi）[24]

致密对称膜	CO_2 渗透率/Barrer	CO_2/CH_4 选择性
交联前	17.1	34.0
在 220℃ 交联后	57.5	37.1
在 295℃ 交联后	77.3	39.9

Koros 的方法有三个优点。第一，交联分子首先被固定到聚合物链上，这样在发生交联反应时，交联位置可以控制。第二，加入比较柔软的交联剂，本方法在确保交联发生的同时，维持了聚酰亚胺聚合物链的柔软度。如表 7-5 所示，通过这种方法，气体渗透率在交联后不仅没有降低，反而比交联前高了 3 倍多，同时 CO_2/CH_4 的选择性也得到了提高。在 CO_2 的分压不高于 450psi（30 个大气压）的情况下，膜没有发生溶胀现象。Koros 对此现象的解释为：交联反应发生后，在整体自由体积没有提高的前提下，聚合物膜的自由体积分布发生了变化，导致了 CO_2 渗透率的提高。第三，在实际应用当中，为了取得较高的气体通量，通常需要将膜加工成非对称结构。如图 7-22(b) 所示，中空纤维膜由一层厚度低于 100nm 的致密皮层和海绵状多孔支撑层构成。其中，致密皮层起到气体分离的作用，而海绵状支撑层提供了所需要的机械强度。然而，热交联的反应温度往往很高，在发生交联反应时，其温度已经高于聚合物的玻璃化转变温度（T_g），这可能导致中空纤维膜变软，进而引起孔状结构发生坍塌，增加致密层的厚度，降低气体通量。而 Koros 研究小组采用的合成路线有效避免了热交联时孔状结构坍塌的现象。原因在于，他们设计的反应方法中，发生酯化交联反应的温度约为 220℃，而聚酰亚胺（6FDA-DAM）的玻璃化转变温度为 365℃。这样在发生酯化交联反应的过程中，中空纤维膜能够保持其结构稳定性，避免了孔状结构的坍塌，从而保持了高气体通量[25]。

表 7-6　交联前与交联后 CO_2，CH_4 在膜中的扩散通量
（35℃，20/80 CO_2/CH_4 混合气体，压力 200psi）

中空纤维膜	CO_2/GPU	CO_2/CH_4 选择性
交联前	206	30
在 220℃交联后	57.5	41
在 220℃交联后的新数据	116.7	35

如表 7-6 所示，中空纤维膜在 220℃下进行的交联反应，其 CO_2 通量由初始的 206GPU 下降为 57.5GPU，同时 CO_2/CH_4 选择性由 30 增长到 41。这种选择性的提高与致密膜的数据相吻合；通量的下降则证明在交联反应的过程中，膜的致密层有可能发生了增厚或皮层中的小孔可能部分消失（交联前膜选择性为 30，小于对应致密膜的选择性 34，说明皮层中存在孔结构）。在 2012 年北美膜会议上，Koros 研究小组公布了他们最新的研究成果。交联后中空纤维膜的 CO_2 通量上升到 116.7GPU，而 CO_2/CH_4 选择性为 35。他们宣称，在对纺丝条件进行调整后，中空纤维膜的分离性能得到了提升。并且这种交联膜可在 CO_2 分压不高于 450psi（30 个大气压）时保持 35 的选择性。

实例 11：脱羧交联法

原位的酯化交联可以得到高渗透性、耐溶胀的聚合物和高分离性能的非对称中空纤维气体分离膜。但是酯基容易发生水解反应导致交联链段断裂，使这种交联膜不适于分离含有大量酸性气体（CO_2）和水蒸气的天然气。为解决这一问题，Kratochvil 和 Koros 采用了脱羧交联方法（如图 7-25 所示），对 6FDA-DAM：DABA（2：1）进行了有效交联。通过这一创新策略，交联键（C-C）的化学稳定性得到显著的提高[26]。

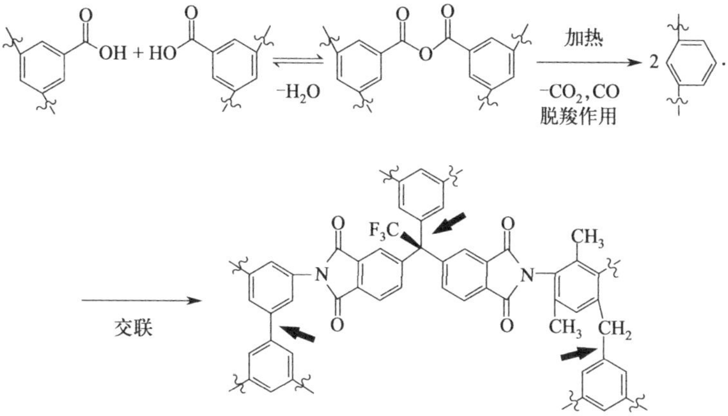

图 7-25　去羧基诱导交联 6FDA-DAM：DABA（2：1）的反应机理[27]

脱羧交联作为一种制备化学性质稳定、耐溶胀聚合物膜的有效方法，已经被广泛研究用于交联聚酰亚胺和 PIM 膜材料。但是羧基（—COOH）直接连在聚合物的主链上作为交联位点，会导致交联后聚合物链间距缩短。以制备脱羧交联聚酰亚胺最常用的 DABA 单体为例，交联后相邻聚合物链间距为 1.55Å[如图 7-26(b)所示]，限制了气体分子在交联膜中的扩散。进一步，脱羧交联 6FDA-DAM：DABA（3：2）的 CO_2 渗透率达到 485.4Barrer，CO_2/CH_4 选择性为 26.8，尽管这些性能数据表现良好，分离性能未超过"2008 Robeson 上限"。

李培课题组的研究工作表明，通过增大羧基官能团的尺寸可以提高脱羧交联聚合物的链间距[28,29]。如图 7-26(a)所示，以联苯基团连接的聚酰亚胺的链间距（5.57Å）是以 C-C 连接的链间距（1.57Å）的 3.6 倍。实验测得的联苯交联膜的 d-Spacing 范围为 5.68～5.81Å，这一结果与分子结构设计的预期相符。在气体分离性能方面，其对 CO_2/CH_4 选择性（26.5）与 6FDA-DAM：DABA（3：2）交联膜相当，而 CO_2 渗透率（1022Barrer）比后者提高了一倍多，CO_2/CH_4 分离

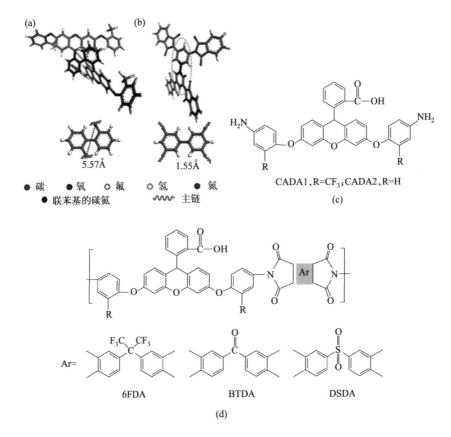

图 7-26 （a）交联聚合物链间距由联苯交联的聚酰亚胺；（b）由 DABA 脱羧交联的聚酰亚胺
（通过 Material Studio 中的 Compass field force 进行能量最小化处理后计算的交联部分链间距）；
（c）CADA 分子结构；（d）基于 CADA 的聚酰亚胺分子式[27,28]

性能超过了"2008 Robeson 上限"，并且在 CO_2 压力高达 30atm 时，未检测出溶胀现象。

在表 7-7 中，对脱羧交联制备气体分离膜的代表性文献中的研究结果进行了汇总。这些研究表明，聚合物先驱体的分子结构对脱羧交联温度以及交联膜的气体分离性能有极大的影响。当前，怎样通过先驱体分子结构设计，控制交联膜链间距，调整自由体积与自由体积分布，实现同时提高交联膜气体渗透率与选择性的目的仍是有待解决的关键问题。此外，如何提高先驱体的主链硬度，实现在低于先驱体玻璃化转变温度下完成脱羧交联反应，是制备高通量非对称性耐溶胀气体分离膜的关键。

表 7-7　不同先驱体结构对应的交联聚合结构、交联温度和气体分离性能[29-31]

先驱体结构	交联膜结构	交联温度和气体分离性能
环湖精接枝 6FDA-Durene∶DABA		交联温度＝425℃ P_{CO_2}＝2400～4200 Barrer; P_{CO_2}/P_{CH_4}＝ 21～22
6FDA-DAM∶DABA(2∶1)		交联温度＝390℃ P_{CO_2}＝350Barrer; P_{CO_2}/P_{CH_4}＝28
6FDA-DAM∶DABA(3∶2)		交联温度＝330℃ P_{CO_2}＝485.4Barrer; P_{CO_2}/P_{CH_4}＝26.8

续表

先驱体结构	交联膜结构	交联温度和气体分离性能
羧基化 PIM-1 C-PIM	phenyl radical cross-linking	交联温度＝375℃ P_{CO_2}＝1291Barrer； P_{CO_2}/P_{CH_4}＝24.6
基于 CADA 的聚酰亚胺[28] Ar ＝ 6FDA　BTDA　DSDA	Ar	交联温度＝425℃ P_{CO_2}＝1022Barrer； P_{CO_2}/P_{CH_4}＝26.8

7.6　小结

本章通过案例介绍的形式具体阐述了调控分子结构设计高性能聚合物膜、聚合物/纳米材料复合膜、耐溶胀气体分离膜材料的方法，同时介绍了共聚聚合物膜、混合基质膜的传质模型。在高性能聚合物膜的设计方面，我们展示了如何通过调控分子结构，优化聚合物的链段运动性、自由体积和链间相互作用，从而实现高效的气体分离性能。对于聚合物/纳米材料复合膜，对聚合物/混合基质膜的气体传质模型和聚合物/纳米共混材料的低通量现象进行了阐述。这些模型不仅有助于我们深入理解膜材料的分离机理，而且为优化膜性能提供了理论支持。最后，通过不同案例介绍了抗塑化聚合物膜材料的设计方法。这为膜研究者在膜材料设计方面提供了有益的参考和启发，有助于推动气体分离膜技术的进一步发展。

参考文献

［1］　Robeson L M. Correlation of separation factor versus permeability for polymeric membranes. J Membr Sci，1991，62：165-85.

［2］　Freeman B D. Basis of permeability/selectivity trade off relations in polymeric gas separation membranes. Macromolecules，1999，32：375-80.

［3］　Robeson L M. The upper bound revisited. J Membr Sci，2008，320（1-2）：390-400.

［4］　Comesaña-Gándara B，Chen J，Bezzu C G，et al. Redefining the Robeson upper bounds for CO_2/CH_4 and CO_2/N_2 separations using a series of ultrapermeable benzotriptycene-based polymers of intrinsic microporosity. Energ Environ Sci，2019，12：2733-2740.

［5］　Muruganandam N，Koros W，Paul D R. Gas sorption and transport in substituted polycarbonates. J Polym Sci Part B：Polym Phys，1987，25（9）：1999-2026.

［6］　Tanaka K，Kita H，Okano M，et al. Permeability and permselectivity of gases in fluorinated and non-fluorinated polyimides. Polymer，1992，33：585-592.

［7］　Tanaka K，Kita H，Okamoto K，et al. Gas permeability and permselectivity in polyimides based on 3，3′，4，4′-biphenyltetracarboxylic dianhydride. J Membr Sci，1989，47：203-215.

［8］　Lin W H，Vora R H，Chung T S. Gas transport properties of 6FDA-durene/1，4-phenylenediamine（pPDA）copolyimides. J Polym Sci Part B：Polym Phys，2000，38：2703-2713.

［9］　Ismail A F，David L I B. A review on the latest development of carbon membranes for gas separation. J Membr Sci，2001，193（1）：1-18.

［10］　Singh A. Membrane materials with enhanced selectivity：an entropic interpretation. U of Texas at Austin，1997.

[11] US 4740219 [P] . 1988-04-26.

[12] Chung T S, Jiang L Y, Li Y, et al. Mixed matrix membranes (MMMs) comprising organic polymers with dispersed inorganic fillers for gas separation. Prog Polym Sci, 2007, 32: 483-507.

[13] Li Y, Guan H M, Chung T S, et al. Effects of novel silane modification of zeolite surface on polymer chain rigidification and partial pore blockage in polyethersulfone (PES) -zeolite A mixed matrix membranes. J Membr Sci, 2006, 275 (1-2): 17-28.

[14] Hao L, Li P, Yang T X, et al. Room temperature ionic liquid/ZIF-8 mixed-matrix membranes for natural gas sweetening and post-combustion CO_2 capture. J Membr Sci, 2013, 436: 221-231.

[15] Li Y, Chung T S, Cao C, et al. The effects of polymer chain rigidification, zeolite pore size and pore blockage on polyethersulfone (PES) -zeolite A mixed matrix membranes. J Membr Sci, 2005, 260 (1-2): 45-55.

[16] Liu Y, Chung T S, Wang R, et al. Chemical cross-linking modification of polyimide/poly (ether sulfone) dual-Layer hollow-fiber membranes for gas separation. Ind Eng Chem Res, 2003, 42 (6): 1190-1195.

[17] Liu Y, Wang R, Chung T S. Chemical cross-linking modification of polyimide membranes for gas separation. J Membr Sci, 2001, 189 (2): 231-239.

[18] Cao C, Chung T S, Liu Y, et al, Chemical cross-linking modification of 6FDA-2, 6-DAT hollow fiber membranes for natural gas separation. J Membr Sci, 2003, 216 (1-2): 257-268.

[19] Vanherck K, Koeckelberghs G, Vankelecom I F J. Crosslinking polyimides for membrane applications: a review. Prog Polym Sci, 2013, 38: 874-896.

[20] Ma C H, Zhang C, Labreche Y, et al. Thin-skinned intrinsically defect-free asymmetric mono-esterified hollow fiber precursors for crosslinkable polyimide gas separation membranes. J Membr Sci, 2015, 493: 252-262.

[21] Ma C H. Optimization of asymmetric hollow fiber membranes for natural gas separation. 2011.

[22] Eguchi H, Kim D J, Koros W J. Chemically cross-linkable polyimide membranes for improved transport plasticization resistance for natural gas separation. Polymer, 2015, 58: 121-129.

[23] Abdullah N, Rahman M A, Othman M H D, et al. Chapter 2-Membranes and Membrane Processes: Fundamentals, Current Trends and Future Developments on (Bio-) Membranes. Elsevier, 2018.

[24] Kratochvil A M, Koros W J. Decarboxylation-induced cross-linking of a polyimide for enhanced CO_2 plasticization resistance. Macromolecules, 2008, 41: 7920-7927.

[25] Qiu W, Chen C C, Xu L, et al. Sub-Tg cross-linking of a polyimide membrane for enhanced CO_2 plasticization resistance for natural gas separation. Macromolecules, 2011, 6046-6056.

[26] Cao Y H, Zhang K, Zhang C, et al. Carbon molecular sieve hollow fiber membranes derived from dip-coated precursor hollow fibers comprising nanoparticles. J Membr Sci, 2022, 649: 120279.

[27] Zhang C, Li P, Cao B. Decarboxylation crosslinking of polyimides with high CO_2/CH_4 separation performance and plasticization resistance. J Membr Sci, 2017, 528: 206-216.

[28] Deng L, Yan J, Xue Y, et al. Oxidative crosslinking of copolyimides at sub-Tg temperatures to enhance resistance against CO_2-induced plasticization. J Membr Sci, 2019, 583: 40-48.

[29] Askari M, Xiao Y, Li P, et al. Natural gas purification and olefin/paraffin separation using cross-linkable 6FDA-Durene/DABA co-polyimides grafted with α, β, andγ-cyclodextrin. J Membr Sci,

2012, 390-391: 141-151.

[30] Xiao Y C, Chung T S. Synergistic combination of thermal labile molecules and thermal crosslinkable polyimide to design membrane materials with significantly enhanced gas separation performance. Energ Environ Sci, 2011, 4: 201-208.

[31] Du N, Dal-Cin M, Robertson G, et al. Decarboxylation induced cross-linking of polymer of intrinsic microporosity (PIMs) for membrane gas separation. Macromolecules, 2012, 45: 5134-5139.

第**8**章
非溶剂相转化过程的基本原理

8.1 引言

    为了提高传质通量，分离膜的厚度应该尽可能减小，但往往伴随着力学性能的降低。因此，一种有效的策略是将较薄的分离层置于多孔支撑层上，形成非对称性的膜结构。这种支撑层在增强膜的力学性能的同时，其多孔结构对传质阻力的增加并不显著[1]。非对称膜结构可以通过相转化方法得到，其中均相聚合物溶液在由液态向固态的转变过程中形成表面较致密、内部疏松的整体性非对称结构。通过调整液-液相分离过程，可以调控非对称性膜的结构。目前，相转化过程主要可以分为热诱导相转化过程（thermally induced phase inversion，TIP）[2]和非溶剂诱导相转化过程（non-solvent induced phase inversion，NIP）[3]。在热诱导相转化过程中，聚合物在高温下溶解于有机溶剂。随后通过温度的降低促使聚合物通过结晶、凝胶化或玻璃化和溶剂发生相分离。聚合物富相构成分离膜的骨架，有机溶剂形成孔，从而形成分离膜的多孔结构。在非溶剂诱导相转化过程中，聚合物溶液与非溶剂接触后，溶剂与非溶剂的相互扩散使聚合物溶液发生相变，并最终形成具有致密的皮层和多孔的支撑层的非对称结构。这种由同一种聚合物一次制备得到的分离膜称为整体性非对称膜。本章将重点介绍非溶剂相转化过程的基本原理。

8.2 溶解过程

    非溶剂相转化过程的首要步骤是制备聚合物溶液，因此有必要介绍溶解的基本原理。溶剂被定义为可以溶解其他物质（溶质）以形成均匀混合物（溶液）的物质。液体与气体的区别在于液体中的分子通过分子间的作用力紧密聚集在一起。在溶液形成的过程中，溶剂分子要克服溶质分子间的亲和力，进入溶质分子之间或将溶质分子包覆。同理，溶质分子也要把溶剂分子分隔开。溶解过程在溶剂分子间和溶质分子间的亲和力接近时较容易实现。反之，如果两者之间亲和力差异显著，亲和力接近的分子倾向于相互聚集，形成不相容的溶液体系。例如油和水不相容，其原因是水分子之间的氢键结合力大于其与油分子之间的吸引力，因此，水分子簇会保持其紧密的结构，阻止油分子的扩散与混合，形成油水不相容的溶液体系。

为了评价分子之间相互作用的强度，引入了内聚能的概念，且内聚能与汽化热呈正相关关系。当液体被加热至其沸点时，继续输入热量将不再引起液体温度的升高，而会使液体分子分离并逃逸到气相中。液体在沸点时吸收的能量，使其由液态转变为气态，所吸收的能量等于液体分子克服范德华力（分子间吸附力）所做的功。液体汽化过程中所需吸收的能量称为汽化热。值得注意的是，汽化热的大小和液体分子间的吸引力相关，而和液体的沸点高低并无直接联系。内聚能的表达式如式(8-1)所示：

$$C = \frac{\Delta H - RT}{V_\mathrm{m}} \tag{8-1}$$

式中，C 为内聚能密度；ΔH 为汽化热；R 为气体常数；T 为温度；V_m 为液体的摩尔体积。

内聚能密度，其单位是 $\mathrm{cal/cm^3}$，直接反映液体分子间范德华力的大小。汽化热和范德华力的关系可以用于判断溶解性能。在溶解过程中，溶剂分子为了进入溶质分子之间，必须要克服溶质分子之间的范德华力，这一力在理论上与使溶质分子汽化需要克服的范德华力相同。在溶解过程中，溶质分子和溶剂分子之间的相互作用表现为：溶剂分子要克服溶质分子间的范德华力使溶质分子分离，溶质分子同样要克服溶剂分子之间的范德华力使溶剂分子分离。由此可见，两种物质的溶解只有在它们分子间的范德华力类似时才能实现。另一方面，当两种物质的内聚能密度接近时，它们倾向于形成均相溶液。这个理论已得到大量事实验证。

8.3 溶解度参数

1936 年，Hildebrand 用内聚能密度的平方根定义溶解度参数［式(8-2)］。用溶解度参数值判断溶剂的溶解行为。

$$\delta = \sqrt{C} = \left[\frac{\Delta H - RT}{V_m} \right]^{0.5} \tag{8-2}$$

δ 的单位是 $cal^{1/2}/cm^{3/2}$ 或 $MPa^{1/2}$，它反映分子间相互作用力的本质和大小。常见溶剂的溶解度参数如表 8-1 所示。

表 8-1　常见溶剂的溶解度参数值

溶液	$\delta/(cal^{1/2}/cm^{3/2})$	$\delta/MPa^{1/2}$
正戊烷	7	14.4
正己烷	7.24	14.9
正庚烷	7.4	15.3
甲苯	8.91	18.3
四氢呋喃	9.52	18.5
苯	9.15	18.7
氯仿	9.21	18.7
三氯乙烯	9.28	18.7
甲基乙基甲酮	9.27	19.3
丙酮	9.77	19.7
二氯甲烷	9.93	20.2
二甲基甲酰胺	12.14	24.7
甘油	21.1	36.2
水	23.5	48

对气体分离、渗透汽化或反渗透膜而言，溶解度参数反映膜材料分子间、膜材料和渗透分子间、膜材料与溶剂和非溶剂之间的相互作用力大小。实验数据表明膜材料的本征渗透性与其溶解度参数有关[4]。进一步，反渗透膜的性能同样与溶解度参数有关。在制备高性能气体分离膜时，选择合适的溶剂可以显著提升膜的渗透性能，如 Air Product 公司的聚砜膜（Permea）要求溶剂和聚合物之间的溶解度参数差小于 1.5，即 $\Delta(\delta_s - \delta_p) < 1.5 cal^{0.5}/cm^{1.5}$。

聚合物可以被溶解的条件是溶解过程的吉布斯自由能变化小于零（$\Delta G0$）。如式(8-3) 所示，吉布斯自由能的变化等于系统的焓变减去温度乘以熵变。由于混合过程使系统的混乱程度增加，熵变大于零，$-T\Delta S$（熵变）<0。为了使吉布斯自由能小于零，混合焓变越小越好。

$$\Delta G = \Delta H（焓变）- T\Delta S（熵变） \tag{8-3}$$

溶液的混合焓或混合热由 Hildebrand 方程描述：

$$\frac{\Delta H_m}{V_m \phi_1 \phi_2} = \left[\left(\frac{\Delta E_1}{V_1} \right)^{0.5} - \left(\frac{\Delta E_2}{V_2} \right)^{0.5} \right]^2 \tag{8-4}$$

式中，ϕ_1，ϕ_2 为溶液中组分 1、组分 2 的体积分数；V_1，V_2 为组分 1、组

分 2 的摩尔体积，m^3/mol；；ΔE 为内聚能密度，在数值上与汽化热相同（J/mol）；V_m 为混合溶液的摩尔体积。用内聚能密度求解溶解度参数的公式如式(8-5)所示：

$$\delta = \left[\frac{\Delta E}{V}\right]^{0.5} \tag{8-5}$$

内聚能可以分解成三部分，即色散力、偶极力和氢键，如式(8-6)所示。

$$\Delta E = \Delta E(色散力) + \Delta E(偶极力) + \Delta E(氢键) \tag{8-6}$$

因此溶解度参数也由三部分组成：

$$\delta(色散力) = \delta_d = \left(\frac{\Delta E_d}{V}\right)^{0.5} \tag{8-7}$$

$$\delta(偶极力) = \delta_p = \left(\frac{\Delta E_p}{V}\right)^{0.5} \tag{8-8}$$

$$\delta(氢键力) = \delta_h = \left(\frac{\Delta E_h}{V}\right)^{0.5} \tag{8-9}$$

$$\delta^2 = \delta_{sp}^2 = \delta_d^2 + \delta_p^2 + \delta_h^2 \tag{8-10}$$

色散力作为范德华力的一种，其产生的原因在于分子内短暂的偶极子波动。这种分子之间的吸引源于电吸附力。对于几何对称的分子，如氢气、氧气等，其正电性中心和负电性中心重合，不存在电性扭曲（electrical distortion）使分子出现明确的正电或负电的区域的情况。然而，这种整体中性的情况是在较长时间尺度上的平均现象。当分子内的电子在运动时，某一瞬间大部分电子可能运动到分子的一侧，使这一侧带负电，另一侧呈现正电。随后，电子可能运动到相反的一侧，导致电性反转，这种现象称为瞬时极性。当一个出现瞬时极性的分子靠近一个非极性的分子时，非极性分子的电子分布会受到极性分子电吸引力影响，进而也表现出极性。非极性分子靠近极性分子正电性区域的一侧会呈现负电性，而靠近极性分子负电性区域的一侧则会呈现出正电性。如果非极性分子的附近有其他非极性分子，则这种极性会被继续传导下去。当很多中性分子团聚在一起时，这种由于瞬时极性导致的极性传导会使所有分子团聚成一个整体，如图 8-1 所示。

一些分子如氯化氢、三氯甲烷，分子中的氯原子电负性强于氢原子，因此这些分子存在永久的偶极子[5]。这种存在永久偶极的分子会因为静电吸引而团聚，它们之间的吸引作用被称为偶极-偶极相互作用。值得注意的是，所有的分子均展现出色散力，但只有具有永久偶极的分子才存在偶极-偶极相互作用。由存在偶极力的分子构成的溶液，其沸点高于由仅存在瞬时偶极的分子组成的溶液。以

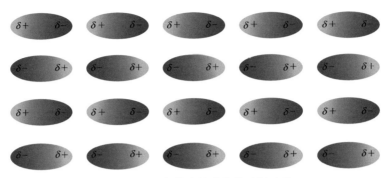

图 8-1　通过色散力导致的分子间吸引

乙烷和一氟甲烷分子为例，两者分子大小类似、电子数相同，理论上两者间的色散力应该相同。但乙烷的沸点为 184.5K，一氯甲烷的沸点为 194.7K。表明含有永久偶极的分子间吸引力更大，需要更高的能量克服这种吸引力，才能使其沸腾。

大分子之间的相互作用力可分为以下几种：

① 离子相互作用。分子内还有电性相反的离子官能团如带负电的羧基和带正电的季铵盐。它们之间的相互作用力为：$\Delta H = -13 \sim -21 \text{kJ/mol}$。

② 偶极-偶极相互作用。如聚甲基丙烯酸甲酯内的羰基，相互作用力的大小为：$\Delta H = -6 \sim -13 \text{kJ/mol}$。

③ 色散力或伦敦力、范德华力，色散力的大小为：$\Delta H = -0.8 \sim -8 \text{kJ/mol}$。

④ 氢键。形成于 $-\text{OH}$ 或 $-\text{NH}_2$ 官能团之间。

四种相互作用力的大小为：离子相互作用＞氢键＞偶极力＞色散力。

溶解度参数的数值可通过基团贡献法估算[6,7]。如式(8-11)～式(8-14)，高分子的溶解度参数可以由所包含的各个基团的内聚能密度加和除以基团摩尔体积的加和后开方得到。表 8-2～表 8-4 列出了常见有机官能团的内聚能密度和摩尔体积及溶解度相关参数。

$$\delta = \left[\frac{\sum \Delta E}{\sum V}\right]^{0.5} = \left[\frac{\sum \Delta E_{\text{coh}}}{\sum V_i}\right]^{0.5} \tag{8-11}$$

$$\delta_{\text{d}} = \left(\frac{\sum \Delta E_{\text{d}}}{\sum V}\right)^{0.5} = \frac{\sum F_{\text{d},i}}{\sum V_{\text{g},i}} \tag{8-12}$$

$$\delta_{\text{p}} = \left(\frac{\sum \Delta E_{\text{p}}}{\sum V}\right)^{0.5} = \frac{(\sum F_{\text{d},i}^2)^{0.5}}{\sum V_{\text{g},i}} \tag{8-13}$$

$$\delta_{\text{h}} = \left(\frac{\sum \Delta E_{\text{h},i}}{\sum V}\right)^{0.5} \tag{8-14}$$

表 8-2 基团贡献法中的内聚能密度 $E_{coh,i}$ 和摩尔体积 V_i

结构基团	$E_{coh,i}/$ (cal/mol)	$V_i/$ (cm³/mol)	结构基团	$E_{coh,i}/$ (cal/mol)	$V_i/$ (cm³/mol)
—CH₃	1125	33.5	—NF₂	1830	33.1
—CH—	1180	16.1	—NF—	1210	24.5
＼CH— ／	820	−1.0	—CONH₂	10000	17.5
— C —	350	−19.2	—CONH—	8000	9.5
H₂C＝	1030	28.5	—CONH＼	7050	−7.7
—CH＝	1030	13.5	HCON＼	6600	11.3
＼C＝ ／	1030	−5.5	HCONH—	10500	27.0
HC≡	920	27.4	—NHCOO—	6300	18.5
—C≡	1690	6.5	—NHCONH—	12000	—
苯基	7630	71.4	—CONHNHCO—	11200	19.0
对苯二胺	7630	52.4	—NHCON＼／	10000	—
苯基(三取代)	7630	33.4	＼NCON／	5000	−14.5
苯基(四取代)	7630	14.4	NH₂COO—	8840	—
苯基(五取代)	7630	−4.6	—NCO	6800	35.0
苯基(六取代)	7630	−23.6	—ONH₂	4550	20.0
每个双键在 环中的共轭	400	−2.2	＼C＝NOH	6000	11.3
			—CH＝NOH	6000	24.0
卤素与碳原子 通过双键连接	0.8$E_{coh,i}$ (卤素)	4.0	—NO₂(aliphatic)	7000	24.0
			—NO₂(aromatic)	3670	32.0
—F	1000	18.0	—NO₃	5000	33.5
—F(二取代)	850	20.0	—NO₂(nitrite)	2800	33.5

表 8-3 基团贡献法中的溶解度参数相关系数值

结构基团	$F_{d,i}$ /(cal$^{1/2}$cm$^{3/2}$/mol)	$F_{p,i}$ /(cal$^{1/2}$cm$^{3/2}$/mol)	$E_{h,i}$ /(cal/mol)	$V_{g,i}$ /(cm³/mol)
—CH₃	205	0	0	23.9
—CH₂—	132	0	0	15.9

续表

结构基团	$F_{d,i}$ /(cal$^{1/2}$cm$^{3/2}$/mol)	$F_{p,i}$ /(cal$^{1/2}$cm$^{3/2}$/mol)	$E_{h,i}$ /(cal/mol)	$V_{g,i}$ /(cm^3/mol)
$\diagdown$CH—	39	0	0	9.5
—$\overset{\shortmid}{\underset{\shortmid}{C}}$—	−34	0	0	4.6
H_2C=	196	0	0	—
—CH=	98	0	0	13.1
$\diagdown$C=	34	0	0	—
环己基	792	0	0	90.7
苯基	699	54	0	72.7
亚苯基(o,m,p)	621	54	0	65.5
—F	108	—	—	10.9
—Cl	220	269	96	19.9
—Br	269	—	—	—
—CN	210	538	597	19.5
—OH	103	244	4777	9.7
—O—	49	196	717	10.0
—CHO	230	392	1075	—
—CO—	142	376	478	13.4

表 8-4 聚合物的溶解度参数值

聚合物	聚合物重复单元的结构	δ_{sp}/(cal$^{1/2}$ /cm$^{3/2}$)	δ_{h}/(cal$^{1/2}$ /cm$^{3/2}$)	δ_{d}/(cal$^{1/2}$ /cm$^{3/2}$)
醋酸纤维素-389	$(CH_2)_4(CH)_{20}(O)_8(OH)_{2.19}(OC=OCH_3)_{9.81}$	12.7	6.33	7.60
醋酸纤维素-376	$(OH)_{3.05}(OC=OCH_3)_{8.95}$	13.1	6.72	7.59
醋酸纤维素-383	$(OH)_{2.78}(OC=OCH_3)_{9.22}$	13.0	6.59	7.59
三乙酸纤维素	$(OH)(OC=OCH_3)_{11}$	12.0	5.81	7.61
乙酸丙酸 纤维素-504	$(OH)_4(OC=OC_2H_5)_8$	12.9	6.62	7.68
乙酸丙酸 纤维素-151	$(OH)_{0.8}(OC=OCH_3)_{8.25}(OC=OC_2H_5)_{2.95}$	11.6	5.57	7.65

案例 1：通过基团贡献法计算醋酸纤维素的溶解度参数

醋酸纤维素的重复单元的化学式：$(CH_2)_4(CH)_{20}(O)_8(OH)_{2.19}(OC=OCH_3)_{9.81}$。

$$\sum V_{g,i} = (4\times15.9)+(20\times9.5)+(8\times10.0)+(2.19\times9.7)+(9.81\times23.0)$$
$$+(9.81\times23.9)=814.93$$

$$\sum F_{d,i} = (4\times132)+(20\times39)+(8\times49)+(2.19\times103)+(9.81\times191)$$
$$+(9.81\times205)+(4\times93)=6182.4$$

$$\sum F_{p,i}^2 = (4\times0)^2+(20\times0)^2+(8\times196)^2+(2.19\times244)^2+(9.81\times239)^2$$
$$+(9.81\times0)^2=8241267$$

$$\sum E_{h,i} = (4\times0)+(20\times0)+(8\times717)+(2.19\times4777)+(9.81\times1672)$$
$$+(9.81\times0)=32600$$

$$\sum V_i = (4\times16.1)+(20\times-1.0)+(8\times3.8)+(2.19\times10.0)$$
$$+(9.81\times18.0)+(9.81\times33.5)=601.92$$

$$\sum E_{coh,i} = (4\times1180)+(20\times820)+(8\times800)+(2.19\times7120)$$
$$+(9.81\times4300)+(9.81\times1125)=96332.1$$

$$\delta_d = \frac{\sum F_{d,i}}{\sum V_{g,i}} = \frac{6182.4}{814.93} = 7.57\ \frac{cal^{0.5}}{cm^{1.5}}$$

$$\delta_p = \frac{(\sum F_{d,i}^2)^{0.5}}{\sum V_{g,i}} = \frac{(8241267)^{0.5}}{814.93} = 3.52\ \frac{cal^{0.5}}{cm^{1.5}}$$

$$\delta_h = \left(\frac{\sum \Delta E_{h,i}}{\sum V_{g,i}}\right)^{0.5} = \left(\frac{32600}{814.93}\right)^{0.5} = 6.32\ \frac{cal^{0.5}}{cm^{1.5}}$$

$$\delta_{sp} = \left(\frac{\sum \Delta E_{coh,i}}{\sum V_i}\right)^{0.5} = \left(\frac{96332.1}{601.92}\right)^{0.5} = 25.88\ \frac{cal^{0.5}}{cm^{1.5}}$$

8.4　相分离和相图

在非溶剂相转化的过程中，随着溶剂的逐渐析出和非溶剂的流入，聚合物溶液由热力学稳定到不稳定并最终发生相分离。为了深入理解这一过程，通常采用三角相图（或称为三元相图）来分析聚合物溶液在非溶剂相转化中的热力学行为。如图 8-2 所示，沿着相图的三个角逆时针方向分别代表纯组分的纯聚合物、纯溶剂和纯非溶剂。三条边上的数字代表双组分混合物的质量浓度，例如，在聚合物-溶剂轴上，100 代表 100％的溶剂（为 N-甲基吡咯烷酮），而 75 代表 75％的 N-甲基吡咯烷酮和 25％的聚合物。在相图中，实心点代表特定时刻聚合物溶液的组成，经过实心点分别对三角形的三个边作平行线，与每个边的截距代表对应顶点的组分的含量。三相图包含两个主要区域：白色区域代表单相区，在此区域内，聚合物、溶剂和非溶剂构成均匀混合的一相；而灰色区域则代表分相区，一旦聚合物溶液进入分相区，将分解变为两相，各相组成与虚线和分相区边界线的截点相同。单相区和分相区的边界线被称为双节线（binodal curve）。位于分相区的聚合物溶液将分为两相，其中聚合物浓度较高的称为聚合物富相（polymer rich phase），而聚合物浓度较低的则称为聚合物贫相（polymer lean phase）[8]。连接聚合物贫相和聚合物富相的线称为连接线（tie line）。分相后体系的吉布斯自由能降低，系统因此变得更加稳定。

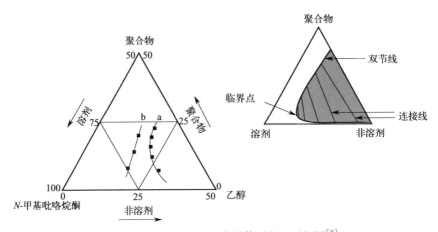

图 8-2　聚合物-溶剂-非溶剂体系的三元相图[9]

双节线可以通过热力学计算得到。根据 Flory-Huggins 理论，三相混合体系的吉布斯自由能（ΔG_m）变化可以通过式(8-15)计算。

$$\frac{\Delta G_m}{RT} = n_1 \ln\phi_1 + n_2 \ln\phi_2 + n_3 \ln\phi_3 + \chi_{12} n_1 \phi_2 + \chi_{13} n_1 \phi_3 + \chi_{23} n_2 \phi_3 \quad (8\text{-}15)$$

式中，n_1，n_2，n_3 为组分 1，2，3 的物质的量；ϕ_1，ϕ_2，ϕ_3 为组分 1，2，3 的体积分数；χ_{12}，χ_{13}，χ_{23} 为组分 1、2，组分 2、3 和组分 1、3 之间的相互作用系数。1 代表非溶剂，2 代表溶剂，3 代表聚合物。相互作用参数高代表两者间的相容性差。组分 i 的化学势可以由式(8-15) 导出式(8-16)：

$$\mu_i = \left(\frac{\partial \Delta G_m}{\partial n_i}\right)_{T, n_j, \text{对所有} j \neq i} \quad (8\text{-}16)$$

当聚合物溶液进入双节线区并发生相分离后，聚合物富相和贫相处于热力学平衡状态，因此有：

$$\mu_{i,r} = \mu_{i,p} \quad (8\text{-}17)$$

结合式(8-15)～式(8-17)可以计算出双节线上聚合物富相和贫相的组成，将双节线点连接可以得到完整的双节线。此外也可通过实验滴定法得到相分离时刻对应的浊点，进而得到双节线上的关键节点。如图 8-3（a）所示，当向含有 3%（质量分数）的 P84/N-甲基吡咯烷酮溶液中逐步滴加乙醇溶液时，P84 溶液逐渐由透明到半透明最终变为悬浊液。这一转变点，即悬浊液形成时对应的聚合物溶液组成，标志着相分离过程的起始界限，因此，该组成点应该位于三相图所描绘的双节线上。进一步，如图 8-3（b）所示，通过调整起始聚合物溶液的浓度，可以得到不同的浊点组成。这些浊点数据在三相图中被精确标示，将浊点连接起来就得到双节线。

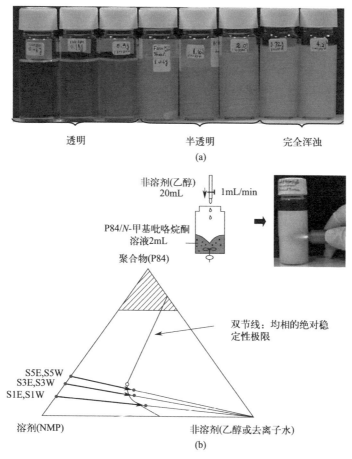

图 8-3　（a）通过滴定法得到浊点聚合物溶液组成的方法；
　　　　　（b）通过浊点组成画出双节线的方法

当聚合物溶液的组成处于双节线内部时，通过精确绘制连接线后可以得到聚合物富相和贫相的组成。进一步，通过杠杆原理可以求出贫相和富相的体积比。

通过式(8-16)可以求出富相和贫相的化学势。同时，根据式(8-15)，富相和贫相的化学势受到多个因素的影响，包括不同组分间的相互作用参数 χ_{12}，χ_{13}，χ_{23}，以及各组分在系统中的物质的量 n_1，n_2，n_3 和体积分数 ϕ_1，ϕ_2，ϕ_3 影响。但物质的量和体积分数对化学势的影响通常较小，化学势受相互作用参数的影响较大。

对于聚合物-非溶剂双组分体系应用吉布斯混合自由能公式得到：

$$\frac{\Delta G_{\mathrm{m},13}}{RT}=n_1\ln\phi_1+n_3\ln\phi_3+\chi_{13}n_1\phi_3 \tag{8-18}$$

而双节线上的点与聚合物-非溶剂轴（图 8-2 右侧三相图中右边的轴）的截点，该截点反映了双节线上各点对应的非溶剂的含量，其位置由 χ_{13} 的值确定。当 χ_{13} 较大时，说明聚合物-非溶剂体系内的非溶剂含量较低，对应双节线上点的聚合物含量则较高。随着 χ_{13} 的增加，双节线的位置向聚合物角移动，同时远离非溶剂角。当溶剂与聚合物的亲和性好时，将提高非溶剂从聚合物溶液中抢夺溶剂的难度，从而导致聚合物溶液发生相分离所需要的非溶剂量将增加。此时，双节线将向非溶剂角靠近，并且双节线内的面积也将相应缩小。然而当 χ_{12} 值较小时，表示溶剂与非溶剂之间的亲和性较高。这种情况下，双节线将远离非溶剂角，并且连接线倾向和聚合物-溶剂轴平行，说明少量的非溶剂可以导致相分离的发生。相反，当 χ_{12} 值较大时，双节线会向非溶剂角靠近，连接线的斜率减小，并倾向和聚合物-非溶剂轴平行。值得注意的是，连接线的斜率和聚合物溶液的相变速度密切相关。具体来说，斜率越大相变速度越快。双节线上有一个点称为临界点，该处聚合物富相和贫相组成融合。该临界点和溶剂-非溶剂轴距离很近。基于上述分析，可以得出以下规律：①对多数体系，双节线和聚合物-溶剂轴平行，随着 χ_{13} 的增加向聚合物-溶剂轴靠近，导致双节线内面积增加；②溶剂与聚合物亲和性好，分相区面积减少，但其影响不如溶剂-非溶剂的亲和性影响显著；③χ_{12} 对连接线影响大，当 χ_{12} 值较大时，聚合物富相和贫相中溶剂/非溶剂的比值差别大，聚合物贫相中溶剂含量低。

两相 Flory-Huggins 相互作用参数可通过以下方法求得。首先，聚合物-非溶剂的相互作用参数 χ_{13} 可通过溶胀法确定。其次，聚合物-溶剂相互作用参数 χ_{23} 的求取，可以通过测量聚合物溶液在特定浓度下的渗透压变化，或者利用蒸气压衰减法求得。溶剂-非溶剂相互作用参数 χ_{12} 可以通过气液平衡（VLE）数据估算。而利用基团贡献法求解溶解度参数（如上一节所述）是最简单的方法。在得到组分 i 和 j 的溶解度参数后通过式(8-19)求解相互作用参数 χ_{ij}。

$$\chi_{ij}=\frac{V_i}{RT}\delta_{ij} \tag{8-19}$$

$$\delta_{ij} = \sqrt{(\delta_{di} - \delta_{dj})^2 + (\delta_{pi} - \delta_{pj})^2 + (\delta_{hi} - \delta_{hj})^2}$$

通过 Flory-Huggins 相互作用参数并结合吉布斯自由能理论，可以计算出三相图中的双节线位置。该结果和利用浊点滴定法得到的双节线吻合。尽管在计算中忽略了三组分相互作用 χ_{123}、聚合物分子量的分散度和聚合物溶液的非牛顿流体特征等复杂因素，但这种热力学计算方法在预测非溶剂诱导相转化过程中的相分离行为仍展现出良好的性能。该方法因其简便性和有效性，已成为当前广为接受的相图构建方法之一。

8.5　非溶剂诱导相转化过程的动力学过程分析

三相图给出了处于热力学平衡态下的聚合物溶液相分离行为以及相组成。然而，非溶剂相转化是一个动态过程，其中相分离的速度、分相机理以及各相的成分决定了聚合物膜的非对称结构、膜的孔径等重要性能。尽管热力学分析可以推算出由不平衡态到平衡态转变过程中的化学势差，但不能给出状态转变的具体速度信息。因此，需要研究非溶剂诱导相转化过程中的质量传质机制速度，即溶剂析出和非溶剂流入的速度，并建立这些动力学参数与聚合物膜结构之间的内在关系，对于全面理解并优化聚合物膜的制备过程至关重要。

如图 8-4 所示，制备平板非对称性膜包括三个步骤：①配制铸膜液；②在玻璃板上刮涂；③将玻璃板浸入水中诱导非溶剂相转化并成膜。当玻璃板浸入水的过程中，水分子向聚合物溶液中扩散，同时聚合物溶液中的溶剂分子向水中扩散，这种溶剂-非溶剂的双向扩散导致聚合物溶液的组成发生变化。从三相图中的均相区转移到双节线内部的分相区，进而引发聚合物溶液的相分离，并最终形成具有特定结构和性能的膜层。

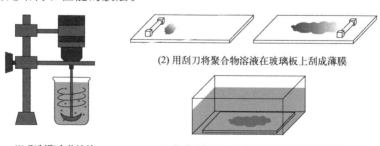

(2) 用刮刀将聚合物溶液在玻璃板上刮成薄膜

(1) 配制聚合物溶液　　　(3) 将玻璃板置入水中发生非溶剂相转化成膜

图 8-4　非溶剂诱导相转化法制备平板非对称性膜的流程图

8.5.1　计算溶剂、非溶剂扩散速度的方法

参考第 3 章已介绍的非平衡态热力学过程公式，认为溶剂/非溶剂的扩散速度与化学势梯度满足非克定律关系，为了讨论一个组分的扩散对另一个组分扩散的影响，引入共轭概念得到如下关系式：

$$J_1 = -L_{11}\frac{\mathrm{d}\mu_1}{\mathrm{d}x} - L_{12}\frac{\mathrm{d}\mu_2}{\mathrm{d}x} \tag{8-20}$$

$$J_2 = -L_{21}\frac{\mathrm{d}\mu_1}{\mathrm{d}x} - L_{22}\frac{\mathrm{d}\mu_2}{\mathrm{d}x} \tag{8-21}$$

式中，L_{11}，L_{12}，L_{21}，L_{22} 为唯象的扩散系数。各组分化学势可通过式(8-16) 计算，但唯象的扩散系数很难计算。如图 8-5 所示，溶剂的流出速度（J_2）与溶剂的流入速度（J_1）对膜的结构特性影响极大。在非溶剂相转化方法中，通常膜与非溶剂的界面处存在溶剂的流出速度大于流入速度（$J_2 > J_1$）的现象；而在蒸汽诱导相转化的过程中，当选择高沸点溶剂时，则溶剂的流入速度可能超过流出速度（$J_1 > J_2$）。当聚合物溶液被刮涂到玻璃板表面时，由于聚合物与玻璃板之间的紧密接触，接触侧可认为没有溶剂-非溶剂交换（$J_1 = J_2 = 0$）。在膜与非溶剂的界面处，认为在瞬间达到热力学平衡。因此在此处膜表面的组成和与之相邻的凝固浴侧的组成对应三相图中连接线与双节线的两个交点。值得注意的是，这一假设在学术界尚未得到广泛且一致的认同。

通过假设边界层条件、估算唯象扩散系数，用质量传质方程建立模型来预测膜的形成过程、膜形貌和分离性能仍很困难。但建立模型可以确定影响成膜过程的重要参数，明晰各个参数之间的相互作用，以及深入理解各参数对膜形貌和分离性能的作用机理具有不可或缺的价值。模型计算可以确定瞬时相分离是否发生，而瞬时相分离现象与大孔缺陷的形成和膜的表面孔结构密切相关。

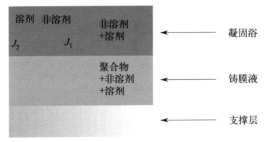

图 8-5　非溶剂诱导相转化过程中溶剂（J_2）和非溶剂（J_1）的扩散示意图[9]

通过理论计算，可以模拟并追踪铸膜液内任意位置组成随时间的变化情况。如图 8-6 所示，图 8-6(a) 和（b）分别展示了膜在刚进入凝固浴时，其内部两个不同位置的组分随时间的变化路径。当铸膜液的组分沿着（a）路径变化时，该区域的铸膜液始终处于单相区内，这时将发生延迟相分离（delay demixing）。而当组分沿着（b）路径变化时，铸膜液短时间内进入分相区，这时在膜与非凝固浴的界面下侧的铸膜液将立即发生相分离。相变路径会随着浸没时间的延长而发生变化，这进一步使铸膜液深处位置也发生相变。瞬时相变的发生和膜的表面结构密切相关。发生瞬时相变的铸膜液通常产生多孔的表面层，从而形成适用于超滤或微滤的膜结构。在一定时间后发生的分相（delayed demixing），将形成具有致密皮层的非对称性膜结构，这种膜结构常见于气体分离或渗透汽化膜中。具有"指状孔"结构的膜通常是通过瞬时相分离过程形成的。这是由于瞬时相分离在膜皮层中形成大孔缺陷，这些表面大孔在后续过程中可能发展成贯穿膜横截面的指状孔。通过建立质量传递模型，可以预测瞬时分离的产生条件和发生瞬时分离所需的最短时间。

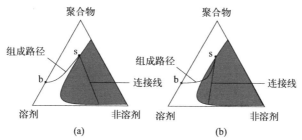

图 8-6 聚合物膜在非溶剂诱导相转化过程中的组成路径变化：

组分变化路径没有穿过双节线（a）；组分变化路径穿过了双节线（b）[9]

成膜过程动力学的实验研究方法有两种：①观察相分离区域的生长和发展；②测量溶液中各组分的浓度变化。为了研究铸膜液相变开始的时刻，常用方法是监测聚合物溶液的透光率（transmittance）随时间的变化。其原理在于：当出现相分离时，由于相界面的形成和散射效应，膜的透光率下降。瞬时分相（instantaneous demixing）和延迟分相（delayed demixing）对应的透光率变化所需的时间不同。由于相变后的膜由透明变得浑浊，因此也可通过目测观察分相现象，或通过光学显微镜记录相变区域的生长速度、大孔缺陷的移动前沿和沉降区域的扩张速度（如图 8-7 所示）。然而，可视化观测在判断细微相变区域时存在局限性，这时需要借助更灵敏的光散射法来研究相变过程的动力学行为。光散射法可以有效地区分成核增长和旋节线分解两种相分离过程。为了研究界面处溶剂流出和非溶剂流入的动力学过程，可以定期取出凝固浴样品并测量其组成变化，利用如核磁、红外光谱等分析技术。但是这些方法只有在溶剂-非溶剂交换速度较慢时准确度高，当交换速度快时还需要响应速度更快的在线测量方法。

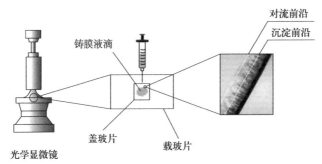

图 8-7　利用光学显微镜观察铸膜液的大孔缺陷的

移动前沿（convection front）以及沉降区域的生长速度（precipitation front）

8.5.2　聚合物凝胶化对应的相变区域增长

根据相图分析，当聚合物溶液的组成处于单相区域时，通常不会发生相分离现象。但当聚合物浓度很高时，溶液中的聚合物链会形成网络结构使溶液失去流动性，形成高弹性和橡胶态的固体，这一现象称为凝胶化[10]。聚合物溶液的凝胶化是非溶剂诱导相转化过程中很重要的现象，凝胶化后可以形成致密皮层结构。三相图的均相区因此被细分为均相溶液区（Ⅰ）和凝胶区（Ⅲ）。在非溶剂相转化的过程中，聚合物溶液的组成变化可以沿着（a）路径进入凝胶区。这时聚合物溶液转化为凝胶，并最终形成致密结构。沿着（a）路径变化的条件是溶剂流出速度大于非溶剂流入速度（$J_2 > J_1$）。相反，当非溶剂流入速度大于溶剂流出速度时（$J_1 > J_2$），溶液的组成变化沿着路径（b）进入双节线区域，聚合物溶液将发生相分离。在膜与非溶剂的界面处，溶剂的流出速度最快，而随着距离膜表面的深度增加，内部溶剂的流出速度将逐渐变慢。因此，膜的表面容易进入凝胶区，而内部则沿着路径（b）进入分相区，最终形成表面致密、内部多孔的分对称性结构。这种由于表面 $J_2 > J_1$ 和内部 $J_1 > J_2$ 导致的表面凝胶化，内部液液相分离的机理，为非溶剂诱导相转化成膜过程中表面致密、内部疏松的结构形成提供了合理的解释。

凝胶化也可以起到稳定孔结构的作用。在相分离过程结束后，聚合物富相和贫相的组成可以通过三相图中的特定连接线决定。当富相的组成落在凝胶区（Ⅲ）时，富相的结构是稳定的，这是因为凝胶区内流体的流动慢。另一方面，当富相落到单相溶液区（Ⅰ）时，相邻的聚合物富相仍可以生长和聚并，导致不

同相之间的界面变小，进而整个体系的能量降低。在分相后，随着不同区域
（domain）的生长，聚合物富相的组成由于溶剂-非溶剂的持续交换而发生变化。
一旦聚合物富相的组成进入凝胶区，不同区域的生长和聚并过程将趋于停止，铸
膜液的结构也不再变化。分相后区域继续改变的时间长度取决于聚合物富相组成
与凝胶区组成的差异程度以及富相进入凝胶区的速度（即溶剂-非溶剂交换速
度）。当聚合物溶液难以进入凝胶区或溶剂-非溶剂交换速度慢时，初始阶段的相
分离不能确定最终的膜结构，因为相分离后膜的结构还在变化（聚合物富相的生
长和合并）。对蒸汽诱导相分离（vapor induced phase separation）过程，由于溶
剂流出的速度较慢（即蒸发速度慢），溶剂-非溶剂的交换速度亦相对较慢，导致
铸膜液组成要经历较长的时间进入凝胶区。在此过程中，当铸膜液在吸收非溶剂
发生相分离后，聚合物富相的区域有较充分的时间进行生长和合并，导致最终的
膜结构与初始结构差别很大。在非溶剂诱导相转化过程中，溶剂向非溶剂中扩散
的速度很快，聚合物富相的增长和聚并时间有限，对最终膜结构的影响较小。但
要注意在非溶剂诱导相转化过程中，膜表面的溶剂析出速度通常快于膜内部，因
此膜内部孔结构受富相生长和聚并的影响较皮层更为显著。

　　聚合物的凝胶化过程可以认为是聚合物链之间通过非共价键形成的物理交联
键。这种物理交联的形成机理因聚合物的性质而异。对结晶或结晶型聚合物，物
理交联的起始阶段是由于形成了微相结晶区（micro-crystallites）。对无定形聚合
物，凝胶化过程同样也可以形成，但其机制与结晶型聚合物有所不同。对结晶态
聚合物，凝胶区的边界与结晶区的边界并不总是重合，这是由于微晶相的形成需
要时间（结晶过程通常是缓慢的）。当微晶形成所需的时间过长时，结晶型聚合
物溶液可以直接从均相溶液进入凝胶区，而不发生结晶。除了凝胶化，聚合物溶
液的另一种凝固机理是玻璃化（如图 8-8 中Ⅳ区所示）。玻璃化区域的边界可通
过在三相图中对应的温度下，铸膜液发生玻璃化转变时的组成来确定。当聚合物

溶液的组成进入Ⅳ区时，溶液的玻璃化温度
高于体系温度，导致聚合物链被冻结在玻璃
态。反之，当铸膜液的玻璃化温度低于体系
温度时，聚合物链将保持较高的柔性。这种
由玻璃化诱导的凝胶化机理在解释热诱导相
分离过程中尤为重要。然而，在非溶剂诱导
相转化过程中，聚合物溶液的组成通常只需
进入凝胶区（Ⅲ）就可以固定相分离后铸膜
液中各区域的结构，一般不会出现进入玻璃
化区的情况。

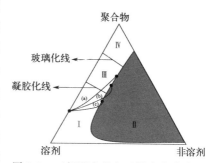

图 8-8 三相图中均相区域中的溶液区
（Ⅰ）、凝胶区（Ⅲ）和玻璃态区（Ⅳ）[9]

聚合物溶液的凝胶化状态可以通过流变仪进行判定。鉴于凝胶态在物理状态上类似于橡胶态，可以通过测量聚合物溶液黏度的变化来判断。当黏度值达到最大值或达到流变仪的测量上限时，可视为达到凝胶态。此外，落球实验（falling ball test）同样可以用于验证此过程，当不锈钢球在聚合物溶液上能够保持较长时间而不沉入溶液时，即说明溶液的黏度极高，从而进入凝胶区。研究表明，聚合物溶液一旦进入凝胶区，其黏度和弹性均会迅速增加。为了更准确地判断凝胶化的出现，可通过观察聚合物溶液的存储模量和损耗模量的变化，这些参数的变化直接反映了聚合物溶液黏弹性行为的变化。虽然凝胶化的热力学机理仍不明确，聚合物链的缠绕和链间相互作用对凝胶化过程具有显著影响。聚合物链的缠绕和相互作用可以形成类似交联的结构，并最终导致凝胶化。因此，分子量大且链间相互作用强的聚合物，其溶液更容易发生凝胶化。聚合物和溶剂之间的亲和性同样影响凝胶化性能。当聚合物与溶剂亲和性较强时，聚合物链间的相互作用会减弱，不利于凝胶化过程。反之，不良溶剂有利于聚合物链的团聚并凝胶化。在配制铸膜液时，通过加入非溶剂可以有效诱导铸膜液发生凝胶化。

8.5.3 相分离机理

在相转化过程中，往往存在多种相分离机理的同时作用，特别是结晶态或半结晶态聚合物的相变过程中，这些机理可能包括聚合物凝胶化、液液相分离和结晶化。聚合物在溶液中的结晶同样是一种相分离过程，其中结晶相是固态，因此发生的是固-液相分离，而聚合物富相是固态。对于通过结晶导致分相的体系，如图 8-9(a) 所示，在相转化的过程中，非溶剂的流入使聚合物溶液首先进入结晶区域Ⅲ，然后进入液液分相区域Ⅱ。值得注意的是，由于结晶是一个需要时间的过程，固液分离通常需要聚合物溶液在区域Ⅲ停留较长的时间。然而，当非溶剂向聚合物溶液中扩散的速度很快时，聚合物溶液可能在还没有产生结晶分相的情况下即进入液液分相区（Ⅱ），这时膜结构主要由液液分相机制决定。因此，对于可以发生结晶的聚合物体系而言，其膜结构是由液固分相和液液分相两种机理共同决定的，哪一种机理占主导地位，则膜结构就主要由该机理决定。

如图 8-9(b) 所示，在液液分相区内，可以进一步细分为两个特定的区域：位于双节线（实线）和旋节线（虚线）之间的亚稳态（metastable）区域，以及虚线内部的旋节分解（spinodal decomposition）区域。当聚合物溶液处于亚稳态区域时，相分离机理遵循成核增长机理[11]，相对应的膜结构将呈现为胞孔（cellular）结构或结节（nodular）结构。具体而言，当聚合物溶液处于浓度较高的上亚稳态区时，倾向于形成胞孔结构，其中聚合物富相构成连续相，而胞孔由

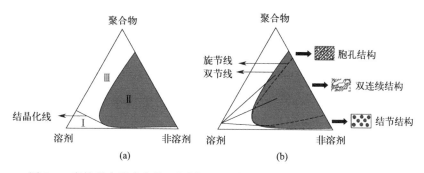

图 8-9　半结晶态聚合物的三相图（a），在亚稳态区域发生相分离形成的
胞孔结构（cellular structure）和不稳定区域发生相分离后形成
的双连续结构（bi-continuous structure）（b）[9]

聚合物贫相形成非连续相。相反，当溶液处于聚合物浓度较低的区域时，则倾向于形成结节结构，此时聚合物贫相为连续相，而聚合物富相（即结节）则呈分散相。当聚合物溶液在旋节分解区域发生相变时，将形成双连续结构，其中聚合物富相与贫相都是连续的。根据相图分析，聚合物溶液先进入亚稳态区域，随后进入旋节分解区域。由于亚稳态区域的分相速度慢，聚合物溶液是否经历亚稳态分相取决于其在亚稳态区域停留的时间长度。当非溶剂流入速度较快时，聚合物溶液在未发生亚稳态分相的情况下，其组成进入旋节线分相区域。这时聚合物溶液处于高度不稳定状态，旋节线分相将迅速发生。由此可见，质量传质速度在决定成膜过程中哪一种相分离机理占主导地位方面起着关键作用。为了控制膜结构，研究相变过程中的质量传质机制显得极为重要。

（1）结晶和液液分相之间的竞争关系

结晶成膜现象更多发生在热诱导相分离制备聚偏氟乙烯等膜的过程中。对非溶剂诱导相转化过程，两种分相机理的竞争主要受到非溶剂添加和质量传质行为的影响。对结晶速度快的聚合物，其膜结构由晶体结构（如球晶或片状晶体的堆叠）所主导。为强化结晶过程，通常要求聚合物具有较高的浓度。然而，当聚合物溶液中溶剂与非溶剂交换速度快时，结晶过程可能受到液液相分离抑制。而对质量传质速度慢的过程，如蒸汽诱导相变过程，结晶诱导的相变可以占主导地位。结晶和液液相变之间的竞争过程会影响膜的结晶度。在结晶相变占主导地位的膜中，其结晶度通常高于液液相变占主导地位的膜。对于后者，结晶过程往往发生在液液相变之后。当聚合物在液液相变后仍能继续结晶（这种情况通常在非溶剂较弱或溶剂析出慢时出现），膜的结晶度同样可以达到较高水平。但值得注意的是，这时膜结构仍主要由液液分相过程决定。聚偏氟乙烯是一种典型的半结晶聚合物，其玻璃化温度低至−35℃，使得结晶可在室温下进行。因此，聚偏氟乙烯膜的结晶度往往高于 50%，其结晶度受成膜过程的影响小。

（2）旋节线分离和成核增长之间的竞争关系

在非溶剂诱导相转化过程中，旋节线分离和成核增长两种机理往往并存。旋节线分离导致双连续结构和连通孔道。如图 8-10(b) 右侧上端的小图所示。双连续结构又称为蕾丝结构，其缺陷的边沿形状不规则，通常在接近膜和非溶剂界面处形成。随着双连续结构向膜内部延伸，胞孔结构（形状像蜂巢）逐渐出现 [如图 8-10(b) 右侧下端的小图所示]。如果定义聚合物在亚稳态区域停留的时间为 t_m，胞孔结构形成所需的最短时间为 t_{mc}，则旋节线分离的条件为 $t_m < t_{mc}$，即在晶核形成之前聚合物溶液的组成进入旋节线区域。胞孔结构形成的条件为 $t_m > t_{mc}$。t_{mc} 越大，说明发生成核增长相变需要的时间越长，聚合物溶液倾向于通过旋节线分离生成双连续结构，而非成核增长。当制备具有双连续结构的膜时，可通过配制有凝胶倾向的聚合物溶液并经过非溶剂诱导相转化过程来实现。当聚合物溶液进入凝胶区域后，聚合物链运动能力下降，从而难以形成晶核。制备凝胶化聚合物溶液的方法包括：①选择链间相互作用强的聚合物和分子量高的聚合物；②选择溶剂能力较弱的溶剂；③向聚合物溶剂中添加能够诱导凝胶化的添加剂。

图 8-10　非溶剂诱导相转化过程中形成双连续、胞孔结构的示意图（a）；
非溶剂诱导相转化膜的横截面扫描电子显微镜像图，双连续结构和胞孔结构（b）[9]

在相分离过程中，形成的聚合物富集相和贫相可以进一步生长（domain coarsening，区域生长），其中，原本的双连续结构可能进化成胞孔结构。这一结构对膜结构的最终形态具有显著影响，而这种影响的程度强烈依赖于相分离后聚合物溶液的凝胶化速度。以蒸汽诱导相分离过程或非溶剂诱导相转化过程为例，若采用非溶剂强度较弱，则相分离后的聚合物溶液需要较长的时间完成凝胶化，这时区域生长对膜的最终结构影响很大。而对容易凝胶化的体系，由于分相后聚合物溶液迅速凝胶化，由旋节线分离形成的双连续结构则更为稳定。因此，当膜结构要求维持双连续结构时，不仅需确保旋节线分离机理占据统治地位，还需要确保所形成的双连续结构在凝胶化过程中保持稳定。这通常要求聚合物富集相中的溶剂能够迅速排出或聚合物富集相本身能够迅速凝胶化。

（3）瞬时相分离和大孔缺陷

在膜制备过程中，瞬时相分所形成的膜结构通常表现为多孔的皮层和大孔缺陷的内部结构。与之相反，延迟分相倾向于形成致密的皮层和没有大孔缺陷的内部结构。是否发生瞬时分相，在很大程度上受到溶剂和非溶剂的选择影响。具体来说，当溶剂和非溶剂的相容性好时容易发生瞬时分相。此外，另一个判断发生瞬时分相的标准是诱发聚合物溶液发生相变所需的非溶剂的量，也称"凝胶值"。凝胶值越低，发生瞬时分相的可能性越高。

判断是否发生瞬时分相可通过比较聚合物、溶剂和非溶剂的溶解度参数的区别。溶剂和非溶剂之间的相容性可通过它们的相互作用参数量化。低相互作用参数（χ_{12}）对应溶剂非溶剂间的高亲和性和高相容性，这种条件下容易发生瞬时分相。χ_{12} 的值可通过基团贡献法计算各自组分的溶解度参数后，由式（8-19）计算得出。凝胶值的大小可通过分析三相图中双节线的位置来间接判断。如前文介绍，双节线的位置受到聚合物和非溶剂的相互作用 χ_{13} 以及聚合物与溶剂的相互作用 χ_{23} 的影响。当 χ_{13} 或 χ_{23} 的数值较大时，更容易发生瞬时相分离。更简单的判断标准是比较聚合物、溶剂和非溶剂的溶解度参数差异 δ_{ij}。

$$\phi = \frac{\delta_{13}\delta_{23}}{\delta_3\delta_{12}} \tag{8-22}$$

由式(8-22)计算的 ϕ 值越大，则越容易发生瞬时相分离。虽然式(8-22) 基于热力学性质推导，但它的计算结果可以很好关联相分离这种动力学过程。这一现象可能的解释是，当溶剂与非溶剂的相容性好时，溶剂与非溶剂相互扩散的推动力大，因此交换速度快，容易发生瞬时分相。如前文介绍，当 χ_{12} 小时，双节线内的连接线斜率升高，表明在热力学平衡状态下，聚合物富相和贫相内的非溶剂含量差异显著，更容易发生瞬时分相。为了量化评估溶剂非溶剂的交换速度，将溶剂黏度 η 引入式(8-23) 中。通过这一改进，我们发现 φ 值越大，膜的孔隙率越高。虽然式(8-22) 和式(8-23) 都是经验公式，缺乏理论支持，但仍可以很好地预测成膜过程和膜的结构。

$$\varphi = \frac{\delta_{13}^2\delta_{23}^2}{\eta\delta_{12}^2} \tag{8-23}$$

大孔缺陷指膜中细长的孔，有时可以从膜的上表面一直延伸到底部。大孔缺陷可以降低膜的阻力并提高通量，但同时对膜的力学性能产生显著削弱作用，使膜在受到压力时发生结构塌陷。大孔缺陷的形成机理为瞬时相分离，在此过程中，聚合物贫相核心（nuclei）的瞬时形成是关键步骤，贫相核心随后通过吸收附近的溶剂逐渐扩张成为大孔缺陷。聚合物贫相与附近聚合物溶液间的溶剂化学势差，是贫相核增长的推动力。大孔缺陷的进一步生长可通过溶剂-毛细管对流机制解释。

由于以上机理认为瞬时分相的来源是聚合物贫相核，因此相分离起始于成核增长。但是当相分离的起源不是成核增长而是旋节线分离（spinodal decomposition）时，形成的是连续的聚合物贫相而不是孤立的贫相核。这时由于不存在可供成长为大孔缺陷的贫相核，因此大孔缺陷的形成机制将有所不同。如图 8-11(a) 所示，当胞孔在紧贴膜表面的下部出现，表明分相机理为成核增长，且大孔缺陷在质量传质最快的位置出现，与瞬时相分离机理相吻合。相反，在图 8-11(b) 中，膜断面靠近表面为双连续结构，因此相变机理为旋节线分离。大孔缺陷在距离膜表面更远的位置而不是紧贴表面的位置出现，这表明质量传质最快的位置（即膜表面与凝固浴的界面处）并非大孔缺陷主要出现的位置。旋节线分离形成大孔缺陷的机理解释如下：聚合物溶液具有黏弹性，在聚合物链未松弛时呈现固态特性，松弛后则转变为流体状。聚合物链松弛需要时间，在链松弛之前，聚合物溶液面对小的扰动（disturbance）可以维持原状，大孔缺陷不会形成。但在这个阶段溶剂和非溶剂仍可以发生质量传质，使聚合物溶液的组成跨过亚稳态区进入旋节分离区。当聚合物链充分松弛后，聚合物溶液呈现流体性质，根据其组成变化，可继续保持均相状态或者发生相分离。如果溶剂与非溶剂的交换速度很快，使聚合物溶液组成进入旋节分相区域，则旋节相分离发生并形成双连续结构。反之，如果溶剂与非溶剂交换速度慢，聚合物溶液的组成仍处于亚稳态区，当流体型溶液受到扰动时发生成核增长相分离并形成大孔缺陷。因此，膜呈现图 8-11(b) 中的形貌，上半部靠近凝固浴，溶剂与非溶剂交换速度快，聚合物组成进入旋节线区域并发生旋节线分离，形成双连续结构；下半部远离表面，溶剂与非溶剂交换速度慢，聚合物溶液处于亚稳态区域，发生成核增长分离，形成胞孔结构，部分胞孔成长为大孔缺陷。

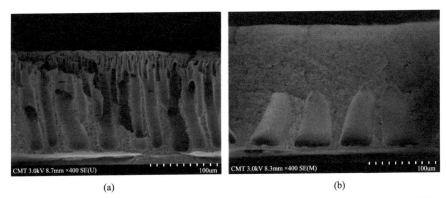

(a)　　　　　　　　　　　　　(b)

图 8-11　成核增长（a），旋节线分离对应断面结构（b）的扫描电子显微镜像图[9]

　　根据之前讨论的机理，大孔缺陷的形成条件与两个关键的时间尺度有关：聚合物链的松弛时间（τ_r）和聚合物溶液从初始组成转变为相变区域内的组成所消耗的时间（τ_p）。当 $\tau_r < \tau_p$ 时，表明在聚合物组成进入分相区前，聚合物链已经完全松弛。这意味着在聚合物溶液处于单相区时，聚合物链已经可以相互运动。因此，当聚合物溶液的组成在亚稳态区，聚合物链可以自由运动发生相变形成晶核，从而为成核增长分相为大孔缺陷提供了条件。当 $\tau_r > \tau_p$ 时，在聚合物溶液进入分相区时，聚合物链尚未完全松弛，此时聚合物溶液仍维持单相状态，不具备非均一性凝胶分相条件。随着聚合物溶液进一步进入旋节线区，快速相变发生，形成双连续结构，大孔缺陷难以形成。这一机理很好解释了当聚合物溶液黏度高时，大孔缺陷难以形成。通过提高聚合物浓度、选择具有强相互作用的聚合物、添加非溶剂或选择低溶解性的溶剂等方法，都可以促进铸膜液向凝胶化转变[4]。这些措施能够显著提高聚合物链的松弛时间，使溶液更容易发生旋节线分离，进而抑制了大孔缺陷的形成。由此可见，抑制大孔缺陷可通过提高 τ_r 或降低 τ_p 来实现。

8.6　影响膜形貌和分离性能的因素

8.6.1　聚合物、溶剂、非溶剂的选择

　　在有孔膜的分离过程中，其分离性能由孔大小和分布决定，而与膜材料的自身性质关系较小。这时分离性能的调控主要由控制相分离过程完成。但材料的性质决定了膜的抗污染性能（如膜的亲水性和溶质吸附性能相关）、热稳定性和化学稳定性。对致密膜（即无孔膜），膜材料的性质则直接影响其分离性能。聚合物分子的性质和分子链的堆积情况会影响聚合物与渗透分子之间的相互作用，进而影响渗透分子的溶解性和扩散性。在聚合物膜材料的选择上，常用的聚合物膜材料包括聚砜（polysulfone，PSF）、聚醚砜（polyethersulfone，PES）、聚丙烯腈（polyacrylonitrile，PAN）、纤维素（cellulosic）、聚偏氟乙烯（polyvinyl fluoride，PVDF）、聚酰亚胺（polyimide，PI）、聚酰胺（polyamide，PA）等。在非溶剂相转化过程中，常用的有机溶剂包括 N-甲基吡咯烷酮（NMP）、N,N-二甲基甲酰胺（DMF）、N,N-二甲基乙酰胺（DMAc）等。以上溶剂可以溶解很多聚合物，并且由于它们和水的亲和性高，对应的聚合物溶液在水中相变速度快，因此容易形成多孔膜结构。

　　溶剂和聚合物间的亲和性极大影响聚合物溶液的性质。当溶剂和聚合物的亲

和性较弱时，聚合物溶液的稳定性差且黏度高。低稳定性使三相图中的双节线内区域的面积增加，通常发生快速相变过程和更多孔洞结构的膜形成。高黏度使聚合物溶液更容易发生凝胶化现象。如前文所述，容易发生凝胶化的聚合物溶液倾向发生旋节线分离，从而形成双连续结构。凝胶化过程不仅影响着相分离后的区域增长（domain growth）行为，并影响最终的膜孔结构。对容易凝胶化的聚合物富相，相分离后的区域增长或聚并现象受到抑制，导致最终膜内含有尺寸很小的孔。因此，使用不良溶剂配制的聚合物溶液，在相变后容易形成双连续结构，并且膜内的孔径较小。研究表明，使用 2-吡咯酮溶解聚砜比 N-甲基吡咯烷酮更容易形成含有小孔的双连续结构，因为 2-吡咯酮相对于 N-甲基吡咯烷酮而言是一种较弱的溶剂。而前者形成的膜的表面孔也小于 N-甲基吡咯烷酮成膜的表面孔。

溶剂和非溶剂之间的亲和性是影响有孔膜分离性能的另一个重要参数。对非溶剂诱导相转化过程，非溶剂的选择对膜性能具有决定性影响，水是最常用的非溶剂，醇类也是常用的非溶剂。通常聚合物溶液在醇中的相转化速度远低于在水中的相转化速度，这导致在醇中相变后形成的膜更致密。当水被用作非溶剂时，聚合物溶液的相变速度、膜的孔隙率与溶剂的溶解度参数有关。由于水的溶解度参数高，当溶剂的溶解度参数也较高时，相转化速度将加快，导致最终形成膜的孔径大。

8.6.2 聚合物浓度的影响

聚合物浓度也是决定膜形貌与分离性能的重要因素[12]。制备超滤膜的聚合物浓度通常在 15%～20%（质量分数）范围内，制备反渗透膜、气体分离膜或渗透汽化膜的聚合物浓度往往在 25% 或更高。在特定情况下，为了维持初生中空纤维膜（未凝胶化或固化）的结构，聚合物浓度有时达到 35%。提高铸膜液中的聚合物浓度会使膜与凝固浴界面处的聚合物浓度相应增高。如图 8-12 所示，初始聚合物溶液在低浓度 a 和高浓度 b 下表现出不同的沉降曲线。高聚合物浓度溶液在界面处的聚合物浓度更高，表面空隙率和表面孔径更小。根据聚合物富相的位置（双节线上的粗点）可以判断其连接线对应的聚合物贫相的组成和体积（杠杆原理），聚合物贫相的体积较小，这导致膜表面孔隙率小。另一方面，聚合物

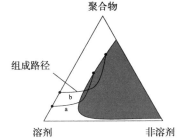

图 8-12 起始组成不同的铸膜液在非溶剂诱导相转化过程中的组分改变路径[9]

富相的高浓度限制了分相后的区域增长和聚并过程,因此表面小孔不会聚并成大孔。这个机理不仅解释了随着聚合物浓度的提高,膜的截留分子量下降的现象,也解释了膜通量下降的原因。相分离在高聚合物浓度时发生后,膜的表面孔径可以下降到接近 0。

　　随着聚合物浓度的提高,相分离机理也会改变,进而影响膜的结构特性。具体来说,提高聚合物浓度会导致质量传递速度变慢(即 t_m 增加),使得聚合物溶液在亚稳态区停留的时间增长。但同时聚合物溶液浓度提升也促进了聚合物溶液的凝胶化倾向,导致凝胶化成核时间增加(t_{mc} 增加)。t_m 和 t_{mc} 的对比将决定膜在形成过程中经历的相分离机制,即非均一性凝胶(non-uniform gel,NG)分相和旋节线分解(spinodal decomposition,SD)分相分离机理。如果 $t_m >$ t_{mc},膜经历非均一性凝胶相分离机制;反之 $t_m < t_{mc}$,膜通过旋节线分解分离,生成双连续结构和连通的缺陷。

8.6.3　凝固浴组成的影响

　　水是最常用的凝固浴,而膜结构可以通过向水中加入添加剂调控,影响机理可通过理论计算分析[13]。图 8-13 展示了醋酸纤维素/二氧六环/水组成的三相体系相图。当没有溶剂加入水凝固浴时,相变路线遵循(a)路径,发生瞬时相分离。随着溶剂的加入,聚合物溶液组成变化遵循(c)路径,导致相变过程转变为延迟相。图 8-14 也表明,在聚合物溶液和凝固浴的界面处,聚合物浓度随着凝固浴中溶剂的加入而下降。由此可见,向凝固浴中加入溶剂可以导致:①瞬时相变转化为延迟相变;②界面处聚合物浓度下降。这两种影响在决定膜表面结构时具有相反的作用。一方面,延迟相变通常形成致密无孔结构;另一方面,聚合物浓度的降低则形成多孔结构。实验结果表明,向水中加入溶剂后,膜通量上升,这说明聚合物浓度下降对表面膜结构的影响起到主导作用。还有一些研究者认为,添加溶剂会诱导延迟相分离,倾向于形成表面致密的结构。为了解释这两种截然相反的结论,需要考虑聚合物溶液凝胶化的影响。当聚合物溶液的表面在发生延迟相分离的情况下完成凝胶化,则形成致密的表层结构。当聚合物表面的浓度过低,即使是延迟相变,界面处也可能无法形成凝胶,仍然形成多孔结构。在制备中空纤维膜的过程中,向凝固浴中加入溶剂是常见的配制中空纤维芯液的方法,其目的是延缓中空纤维内壁的相分离过程,以便于纺丝。当芯液中含有溶剂时,铸膜液中的溶剂流出速度会变慢。即使芯液是纯水,随着中空纤维内壁的溶剂流出,芯液中的溶剂含量也会增加,从而影响中空纤维的最终结构。

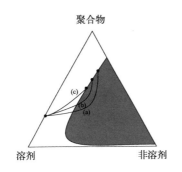

图 8-13 醋酸纤维素/二氧六环铸膜液在
纯水 (a), 加入少量溶剂的水 (b) 和加入
大量溶剂的水 (c) 中的组分变化路径[9]

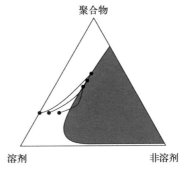

图 8-14 向铸膜液中添加非溶剂后的组分
变化路径[9]

8.6.4 铸膜液组成的影响

向铸膜液中添加非溶剂同样可以调控膜的结构[14]。当非溶剂和凝固浴的组分相同时，由于不改变整体系统的三相图构成，双节线和旋节线区域将保持其原有状态不变。如图 8-14 所示，向铸膜液添加非溶剂后，铸膜液的起始位置向双节线区域靠近。相变路径由不进入相变区到进入相变区，这一转变显著促进了从延迟相分离向瞬时相分离的过渡，进而相变速度加快。在此过程中，添加非溶剂也会抑制大孔缺陷的形成。虽然非溶剂促进瞬时相分离的发生，从而触发了以成核增长为主导的相变机制，但聚合物贫相核成长为大孔缺陷需要贫相核附近的聚合物溶液发生延迟相变，从而使聚合物溶液中的溶剂向贫相核扩散，进而增大贫相的体积。当聚合物溶液中含有大量非溶剂时，贫相核附近的聚合物溶液很容易发生瞬时相变，并形成新的聚合物富相与贫相核。新贫相核的形成将抑制原有贫相核的进一步增长，从而抑制贫相向大孔缺陷的转变。另一方面，当原本相分离机理为旋节线分离时，加入非溶剂使延时相变向瞬时相变转化，这不仅缩短了相变时间，而且抑制了大孔缺陷的形成。因此，无论原铸膜液初始遵循非均一性凝胶分相还是旋节线分解分相机理，加入非溶剂都将加快相变速度，从而抑制大孔缺陷的形成。

在膜制备过程中，向铸膜液中加入非溶剂已成为一种广泛采用的技术，以有效提高膜孔隙率。对于浸没沉淀过程，在膜和非溶剂的界面处，溶剂的析出速度快于非溶剂的流入速度，这导致界面处的聚合物浓度高于本体溶液浓度。通过降低铸膜液的热力学稳定性，会使表面相变速度加快从而限制溶剂的析出量，造成界面处的浓度降低。因此，非溶剂的加入往往造成膜表面孔隙率和孔径的提高，造成膜通量上升和截留率下降。例如向聚醚砜/N-甲基吡咯烷酮溶液中加入水，即能观察到此类现象。当水的浓度维持在 7.5%～8.5%（质量分数）时，上述规律成立。当继续加入水，膜的通量下降。这是由于更多的水抑制了大孔缺陷的形成，导致聚醚砜膜横截面中出现更多的海绵状结构。大孔缺陷的减少不可避免地增大了膜的传质阻力。总之，加入非溶剂可以提高膜的通量并降低膜的传质阻力，但在特定情况下，加入非溶剂可能提高膜的传质阻力。

8.7 添加剂

在铸膜液的制备过程中，往往引入添加剂，当添加剂含量在 5%～20%（质量分数）的范围内时，膜的结构会发生显著的改变。添加剂的作用包括四个方面：①抑制大孔缺陷的形成；②促进孔的形成；③改善孔的连通性；④提高膜的亲水性。当聚合物溶液含有添加剂后，传统的非溶剂诱导相转化成膜过程至少受四个部分（聚合物/溶剂/添加剂/非溶剂）的联合影响，使得整个成膜过程变得更为复杂。通过理论模型分析这种相变过程变得极为复杂。因此，在现有研究中，研究者们通常从三元体系出发，通过类比和拓展，来解释四元体系的相变过程。

添加剂通常与水互溶，是另一种非溶剂。其引入将降低铸膜液的热力学稳定性，并因其固有的亲水特性，促进水向铸膜液中的扩散。这两种作用都会促进相变速度的加快并提高孔隙率。因此，添加剂在膜制备领域通常被称为成孔剂，其成孔作用称为热力学促进。但是添加剂并不总起到促进成孔的作用。当添加剂与聚合物或溶剂间有强相互作用时，它的引入将提高聚合物溶液的黏度，进而减少聚合物链的运动能力[15]。这时添加剂将降低非溶剂诱导相转化过程中溶剂/非溶剂的交换速度，导致相分离的延迟，从而限制大孔缺陷的形成。这种对大孔缺陷的抑制称为动力学抑制。添加剂的热力学促进和动力学抑制之间的竞争关系对最终的膜结构有着极其重要的影响。

8.7.1 低分子量添加剂

低分子量添加剂包括无机盐（LiCl、$ZnCl_2$、$LiNO_3$）和有机酸（丙酸等）。添加剂和溶剂间的相互作用降低了溶剂对聚合物的溶解性，进而影响膜的结构。以 LiCl 为例，当其亲核溶剂（N-甲基吡咯烷酮、N,N-二甲基乙酰胺、N,N-二甲基甲酰胺）中的羰基发生离子-偶极作用并形成配合物时，这种离子-偶极作用提高了聚合物溶液的黏度，对大孔缺陷的形成起到抑制作用，另一方面也降低了亲核溶剂对聚合物的溶解性，这在某种程度上促进了瞬时相变和大孔缺陷的形成。这两方面对膜结构的影响呈现相反的作用。当热力学不稳定性占主导地位时，LiCl 的添加起到成孔的效果。一般规律为在 LiCl 的浓度较低时，其倾向于起到造孔作用，导致膜的通量上升而截留率下降；当 LiCl 浓度较高时，大孔缺陷被抑制，导致膜通量相应下降。聚合物自身的特性亦对膜结构有显著影响。对聚偏氟乙烯/N-甲基吡咯烷酮体系，LiCl 的添加起到造孔的作用；而对聚酰胺酸（PAA）/N-甲基吡咯烷酮体系，LiCl 的添加降低了 N-甲基吡咯烷酮对聚酰胺酸的溶解性，聚酰胺酸容易凝胶化形成物理交联结构，从而有效抑制了大孔缺陷的形成。随着黏度的急剧升高，大孔缺陷的形成被有效抑制。然而对聚酰胺酸/N-甲基吡咯烷酮体系，虽然大孔缺陷被抑制，膜的孔径减小，但膜的孔隙率提高。这是因为聚酰胺酸形成的凝胶与固化凝胶不同，在浸没沉淀的过程中交联状的聚酰胺酸网络结构在空间上固定，溶剂和非溶剂发生交换，形成小孔径但高孔隙率的结构。这种独特的结构有利于制备低孔径高孔隙率的膜。

丙酸（propionic acid）是另一种小分子添加剂，展现出和 N-甲基吡咯烷酮、N,N-二甲基乙酰胺等亲核溶剂形成基于路易斯酸-碱（Lewis acid-based）配合物的特性。与 LiCl 的作用类似，路易斯酸-碱反应对相变过程同样有双重作用：一方面，提高相变速度，此时丙酸扮演成孔剂的角色；另一方面，抑制大孔缺陷的形成，此时膜的通量下降，表面出现致密皮层，内部含有很少的大孔缺陷。但据报道也存在反例，在某些特定条件下，丙酸在抑制大孔缺陷的同时提高了膜通量。

当添加剂和聚合物有强相互作用时，可被用于制备超滤膜。例如向聚酰亚胺/N-甲基吡咯烷酮体系中加入二羧酸类分子（如草酸、丙醇二酸等），这些二羧酸的羟基可以和聚酰亚胺中的亚氨基形成配合物，从而起到交联作用，有效降低聚酰亚胺链的运动能力。虽然二羧酸的添加同样提高了聚酰亚胺溶液的黏度，降低了其溶解性，但对成膜过程中的动力学抑制作用占主导地位。因此，当向体系中加入二羧酸后，膜的表面孔隙率下降，大孔缺陷的形成受到抑制。

当添加剂为表面活性剂时，其在膜制备过程中扮演着成孔剂的角色。表面活性剂与凝固浴中的非溶剂表现出强亲和性，它促进了非溶剂向聚合物溶液中的扩散，从而使相分离由延时分相向瞬时分相过渡。另一方面，当表面活性剂与非溶剂的亲和性差时，它将限制非溶剂向聚合物溶液中扩散，从而诱导延时分相的发生，并有效抑制大孔缺陷的形成。以聚砜铸膜液为例，当向聚砜铸膜液中加入亲水性表面活性剂 Tween 80 时，将促进大孔缺陷的形成；当加入疏水性表面活性剂 Span 80 时，将抑制大孔缺陷的形成。这一观察表明，通常具有高极性的添加剂倾向于促进瞬时相分离，而极性低的表面活性剂导致延迟相分离。

8.7.2　高分子量添加剂

常用的高分子量添加剂，如聚乙烯吡咯烷酮（PVP）和聚乙二醇（PEG），已被广泛研究并证明在膜制备过程中具有显著影响[16]。加入这些高分子量添加剂将显著抑制大孔缺陷的形成，同时提高孔结构的连通性和整体孔隙率。此外，残留的添加剂也将提高膜的亲水性和抗污染性能，从而增强膜在实际应用中的长期稳定性和性能。作为高分子量添加剂，它们在相分离过程中可以提高聚合物溶液的热力学稳定性和动力学抑制作用。动力学抑制作用和热力学稳定性之间的博弈关系与小分子添加剂的作用机理类似，膜的最终结构取决于哪种影响占据主导地位。

高分子添加剂由于分子量的不同对相变过程的影响机制更复杂。例如，聚乙二醇的分子量范围在 200～20000 之间，而聚乙烯吡咯烷酮的分子量范围在 1 万～130 万。为深入理解其影响机制，研究者引入了两个时间尺度来讨论相变行为，短时间尺度内只有溶剂和非溶剂可以在聚合物链段之间扩散；而在长时间尺度内，聚合物和添加剂也可以发生相互扩散。当添加剂的分子量足够大时，聚合物和添加剂的分子链发生缠绕，进而导致聚合物溶液黏度的提高。高黏度状态使聚合物和添加剂的链段运动受限，在短时间尺度内不会相互扩散，造成延迟相分离。这一现象表明，高分子量的添加剂对聚合物溶液的动力学限制作用更显著。添加剂的分子量对在长时间尺度内聚合物与添加剂的缠绕和相互扩散产生显著影响。聚合物富相中，添加剂的渗出会减少聚合物富相区域并提高聚合物贫相区域，从而造成膜的孔隙率提高。高分子量的添加剂更像孔抑制剂，它限制了聚合物和添加剂的相互扩散，造成延迟分相，并有效抑制大孔缺陷的形成。

很多研究发现聚乙烯吡咯烷酮抑制了大孔缺陷的形成，但也有研究表明聚乙烯吡咯烷酮增加了孔隙率[17]。这一现象主要归因于聚乙烯吡咯烷酮的亲水性。添加聚乙烯吡咯烷酮可以使聚合物溶液的组成靠近双节线，进而促进水流入聚合物溶液，加快相变过程，造成大孔缺陷的形成并提高孔隙率。另一方面，聚乙烯吡咯烷酮的添加也会提高聚合物黏度，造成延迟相变，从而抑制大孔缺陷的形成。这种完全相反的结果是由于上述两种影响的竞争。实验结果表明，当聚乙烯吡咯烷酮的分子量小于某个临界值时，添加聚乙烯吡咯烷酮会促进大孔缺陷的形成；当聚乙烯吡咯烷酮分子量大于某个临界值后，会抑制大孔缺陷的形成。除分子量外，聚乙烯吡咯烷酮浓度也有显著影响，其影响规律如下：随聚乙烯吡咯烷酮浓度的升高，膜的孔隙率提高；但当聚乙烯吡咯烷酮浓度超过临界值后，膜的孔隙率下降。此外，聚合物浓度也是影响膜结构的重要因素。以聚醚砜/N-甲基吡咯烷酮体系为例，向聚醚砜/N-甲基吡咯烷酮体系中加入 4 万分子量的聚乙烯吡咯烷酮时，若聚醚砜浓度为 16％（质量分数），水通量随着聚乙烯吡咯烷酮含量由 0 增加到 10％（质量分数）而增加，此时热力学不稳定占据主导地位。当聚合物浓度提高到 18％（质量分数）时，水通量随着聚乙烯吡咯烷酮含量提高到 4％（质量分数）而增加，但进一步增加聚乙烯吡咯烷酮含量会导致水通量下降。这表明随着聚合物分子量的提高，动力学抑制作用变得更显著。此外随着高分子量聚乙烯吡咯烷酮的加入，膜的结构可以转变为具有双连续和连通孔结构的膜。

作为另一种高分子量添加剂，聚乙二醇在聚合物溶液中的作用与聚乙烯吡咯烷酮类似。它也会提升聚合物溶液的黏度，从而诱导延时分相，同时将聚合物溶液的热力学稳定性降低诱导瞬时分相。最终膜的结构取决于这两种作用机制中哪一种占据主导地位。有报道称，聚乙二醇 200 可以减少聚醚酰胺（polyetherimide）和聚醚砜膜的孔隙率。这与前文介绍的高分子量的添加剂导致延迟相变并减少孔隙率的现象一致。对聚乙二醇 200 这种相对低分子量的添加剂而言，其导致延迟相变的机理可能有所不同，这主要归因于聚乙二醇 200 和聚合物的强相互作用，或是聚乙二醇 200 向水凝固浴的快速扩散。这两种机理均会导致聚合物溶液的黏度升高，进而对大孔缺陷的形成产生抑制作用。

8.7.3 共聚物

通过引入包含亲水性和疏水性链段的两亲性共聚物作为添加剂，可以提高膜的抗污染性能[18]。其中，亲水部分一般由聚乙二醇（PEG）、两性离子（zwitterionic）或其他亲水基团构成；疏水部分则常由与主体聚合物有良好亲和性的官能团组成。在成膜过程中，亲水部分倾向于迁移到膜或膜内孔的表面，起到降低体系表面能的作用；疏水部分与本体聚合物紧密结合，将亲水部分锚定在膜内。此类添加剂的代表为 PEO-PPO-PEO 三嵌段聚合物。研究表明，通过蒸汽诱导相分离技术可以延迟聚合物溶液的凝胶化过程，促进两亲性添加剂在膜表面的充分扩散与分布，从而提高膜的抗污染性能。

8.8 蒸汽诱导相分离对中空纤维膜结构的影响

在制备中空纤维膜的过程中，当存在空气间隙时，初生中空纤维可能在空气间隙中发生质量传质现象。聚合物溶液中的溶剂与非溶剂向空气中扩散，同时空气中的水蒸气则向聚合物溶液中扩散。当后者占主导地位时，该过程称为蒸汽诱导相分离（VIP），蒸汽诱导相分离可以对膜结构带来显著的影响[19]。而决定蒸汽诱导相分离过程的关键参数是空气间隙的距离和温度[20]。和非溶剂诱导相转化过程相比，蒸汽诱导相分离的质量传递速度慢得多。为了方便研究，本书将从平板膜的蒸汽诱导相分离过程开始介绍。

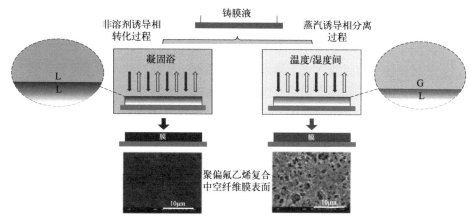

图 8-15　非溶剂诱导相转化和蒸汽诱导相分离的溶剂-非溶剂交换以及成膜结构的比较[9]

蒸汽诱导相变多用于平板膜的制备[21]，尽管膜形貌的变化在蒸汽诱导相分离过程中对质量传质影响很小，但蒸汽诱导相分离制备平板膜所遵循的规律可以用于中空纤维膜的制备过程。在蒸汽诱导相分离过程中，聚合物溶液暴露在大气中，大气中的非溶剂首先扩散到聚合物溶液的表面，然后进入聚合物溶液内部。图 8-15 清晰地展示了蒸汽诱导相分离过程与非溶剂诱导相转化过程之间的区别。蒸汽诱导相分离过程中大气中的非溶剂一般为水蒸气。聚合物溶液和大气之间的界面阻碍了质量传质，这种特性使得膜形貌的调控更为可控，仅仅控制一到两个参数就可以实现对膜结构的调控。与非溶剂诱导相转化过程相比，蒸汽诱导相分离过程更容易形成多孔的表面结构。因此，当需要制备高表面孔隙率的中空纤维时（如制备聚偏氟乙烯中空纤维膜蒸馏膜），可以引入蒸汽诱导相分离过程。通过提高中空纤维纺丝过程的空气间隙，可延长蒸汽诱导相分离的时间，得到更高表面孔隙率和更薄皮层的中空纤维。蒸汽诱导相分离过程的可调控参数如下：

①　中空纤维在空气间隙中的暴露时间可通过调整空气间隙的距离和收丝速度来改变。

②　空气间隙的相对湿度。

③　空气间隙的温度。

在实际应用中多通过调整空气间隙距离或聚合物溶液温度来控制蒸汽诱导相分离过程。

8.8.1 空气间隙的长度

空气间隙的长度决定了蒸汽诱导相分离的时间。以聚偏氟乙烯平板膜为例，当聚偏氟乙烯/N-甲基吡咯烷酮溶液暴露在100%相对湿度的环境中时，若停留时间小于3min，大孔缺陷会减少，但在暴露的过程中聚偏氟乙烯没有完全相变。所形成的致密皮层中含有胞孔结构，这反映了NG相分离的特性。继续增加暴露时间，缓慢的相分离过程促进了聚合物的结晶化。最终，形成的聚偏氟乙烯膜展现出多孔的表面结构和具有球状节点的主体结构。球状节点的成因是聚偏氟乙烯结晶化，而在较短的暴露时间内，水蒸气可以影响膜的表层结构。对聚醚砜/N-甲基吡咯烷酮体系，在相对湿度为68%的条件下，随着暴露时间由0s增加到40s，膜的上表面结构由双连续结构向致密结构过渡。这说明在短暂的暴露时间内，聚合物溶液的表面发生了旋节线分离。而随着暴露时间的延长，双连续结构发生聚并，最终导致表层致密化。对中空纤维膜而言，空气间隙的长度和收丝速度影响外表面的结构（即非均一性凝胶或者旋节线分解相分离），结晶或凝胶化也起很大的影响。而中空纤维的内表面结构由非溶剂诱导相转化过程决定，即溶剂/非溶剂的交换过程。

在制备聚偏氟乙烯中空纤维时，随着空气间隙的增加，中空纤维的内径和外径逐渐减小，这一现象归因于重力对初生中空纤维的拉伸作用。已有研究观察到，增加空气间隙会导致聚偏氟乙烯中空纤维形成薄的皮层，从而降低了膜通量。中空纤维的致密化被认为是聚偏氟乙烯中空纤维通过空气间隙的过程中，聚合物分子链被重力牵引导致排列规整、堆积紧密，降低了自由体积。进一步的研究还发现，随着空气间隙的增加，聚偏氟乙烯中空纤维的孔结构先缩小后增大，原本指状的大孔缺陷逐渐变为海绵状孔结构。在空气间隙较短时，聚合物链在潮湿环境中缺乏充分排列的时间，形成了较大的孔缺陷。当聚偏氟乙烯溶液中含有大量亲水性聚乙烯吡咯烷酮时，中空纤维结构受空气间隙的影响更大。当聚偏氟乙烯溶液中含有少量聚乙烯吡咯烷酮时，聚合物溶液呈现较疏水的性质，其结构受空气间隙影响小。

对聚砜中空纤维，随着空气间隙的增长，大孔缺陷首先被抑制随后又出现。这一现象可由空气间隙中形成的过渡态凝胶来解释。在较短的空气间隙内，初生的聚砜中空纤维会经历过渡态凝胶的形成过程，并诱发延迟相分离的发生。延迟相分离抑制了大孔缺陷的产生，并促使膜结构向双连续结构转变。由于此时形成的是过渡态凝胶，聚合物链仍然具有一定松弛能力。当空气间隙较长时，随着聚合物链的松弛，双连续结构发生聚并。在这一过程中，小的缺陷逐渐生长并演化为大的胞孔结构缺陷。因此，中空纤维的表面孔径可通过空气间隙调控，短的空气间隙可以形成致密的皮层，随着空气间隙的增长表面出现小孔缺陷。

8.8.2　相对湿度的影响

在蒸汽诱导相分离过程中，膜的表面结构随着相对湿度的增加，呈现由致密向多孔的过渡趋势。当相对湿度很低时（＜10％），聚合物溶液的组成不会越过双节线，因此液液分离不会发生。当相对湿度较高时（20％），会发生非均一性凝胶分相。当相对湿度更高时发生旋节线分解分相。研究指出，随着气相相对湿度的降低，聚砜膜的表面结构由致密逐渐转变为多孔。此外，分相后膜的聚并程度决定最终的膜结构。在低湿度的情况下，聚合物贫相构成的液滴有更充分的时间聚并成大液滴并最终变为大孔。多项研究均表明，维持气相的湿度有利于使中空纤维形成具有一定厚度的致密的皮层。

8.8.3　蒸汽诱导相分离结合添加剂调控中空纤维的结构

空气间隙的调控不仅可以更好地调控中空纤维膜的结构或制备多孔表面，还可以延迟中空纤维外表面的相分离，有利于小分子添加剂向表面扩散形成表面偏析（surface segregation）。这种作用机制显著增强了添加剂在膜表面的功能性。当聚偏氟乙烯溶液中加入甲基丙烯酸甲酯和环氧乙烷后，空气间隙可以强化表面偏析，使得添加剂富集在聚偏氟乙烯膜的表面，进而显著提高亲水性和抗污染能力。如前所述，空气间隙可以导致延迟分相，使添加剂有更充分的时间向膜表面扩散。随着分相过程的进行，聚合物链固化将限制添加剂分子的扩散。同理，当聚合物溶液中含有纳米粒子时，空气间隙有利于纳米粒子向膜表面的迁移，诱导成孔。

8.9　小结

本章介绍了非溶剂相转化过程的基本原理。首先，通过介绍相变与质量传质动力学之间的相互影响，详细解释了非对称结构的形成机制、分离层的形成以及影响相分离结构的重要参数，如溶剂、非溶剂、溶液组成和凝固浴条件。随后介绍了两种主要的相分离机理，即非均一性凝胶分相和旋节线分解分相。深入剖析了它们之间的竞争关系以及相变后区域增长现象对膜的分离性能的影响。此外，本章还讨论了聚合物溶液凝胶化对质量传质动力学的影响，以及溶液在遭受扰动时的稳定性如何影响相分离过程。进一步地，探讨了添加剂对相分离过程的影响，详细分析了添加剂/溶剂、添加剂/聚合物的相互作用对溶液的热力学不稳定性、过程动力学和聚合物凝胶化的影响。最后，本章特别强调了空气间隙对中空纤维膜结构的影响规律，指出了空气间隙在调控膜结构、优化膜性能方面的重要作用，为制备高性能中空纤维膜提供了重要的理论依据和实验指导。

参考文献

[1] Smid J, Albe J H M, Kustersb A P M. The formation of asymmetric hollow fibre membranes for gas separation, using PPE of different intrinsic viscosities. J Membr Sci, 1991, 64: 121-128.

[2] Lehnert S, Tarabishi H, Leuenberger H. Investigation of thermal phase inversion in emulsions. Physicochem Engineer Aspec, 1994, 91: 227-235.

[3] Mondal R, Pal S, Bhalani D V. Preparation of polyvinylidene fluoride blend anion exchange membranes via non-solvent induced phase inversion for desalination and fluoride removal. Desalination, 2018, 445: 85-94.

[4] Etxeberria-Benavides M, Karvan O. Fabrication of defect-free P84® polyimide hollow fiber for gas separation: pathway to formation of optimized structure. Membranes, 2020, 10 (1): 4.

[5] Pei L S, Zhang J, Kong W. Electronic polarization spectroscopy of metal phthalocyanine chloride compounds in superflfluid helium droplets. J Chem Phys, 2007, 127: 174308.

[6] Van Krevelen D W. Properties of polymers, Their correlation with chemical structure; their numerical estimation and prediction from additive group contributions, second edition. Elsevier, 2009.

[7] Barton A F M. CRC Handbook of solubility parameters and other cohesion parameters. CRC Press, 1983.

[8] Strathmann H, Kock K. The formation mechanism of phase inversion membranes. Desalination, 1977, 21: 241-255.

[9] Wang D M, Venault A, Lai J Y. Hollow fiber membranes, Chapter 2-Fundamentals of nonsolvent-induced phase separation. Elsevier, 2021.

[10] Masaro L, Zhu X X. Physical models of diffusion for polymer solutions, gels and solids. J Prog Polym Sci, 1999, 24: 731-775.

[11] Duan R G, Liang K M, Gu S R. A new kinetic description for phase separation of materials. J Phys Lett A, 2000, 266: 370-376.

[12] Fu H T, Yang D L, Zhang S H. Preparation of poly (phthalazinone ether sulfone ketone) hollow fiber membrane for gas separation. John Wiley & Sons Ltd, 2007.

[13] Tang Y L, Sun J, Li S F. Effect of ethanol in the coagulation bath on the structure and performance of PVDF-g-PEGMA/PVDF membrane. J Appl Polym Sci, 2018, 136 (17): 47380.

[14] Kang Y S, Kim H J, Kim U Y. Asymmetric membrane formation via immersion precipitation method. I. Kinetic effect. J Membr Sci, 1991, 60: 219-232.

[15] Wang D, Li K, Teo W K. Polyethersulfone hollow fiber gas separation membranes prepared from NMP/alcohol solvent systems. J Membr Sci, 1996, 115: 85-108.

[16] Xu J, Xu Z L. Poly (vinyl chloride) (PVC) hollow fiber ultrafiltration membranes prepared from PVC/additives/solvent. J Membr Sci, 2002, 208: 203-212.

[17] Zhang X F, Qin L, Su J. Engineering large porous microparticles with tailored porosity and sustained drug release behavior for inhalation. Europ J Pharma Biopharma, 2020, 155: 139-146.

[18] Wang W W, Lin J X, Cheng J Q. Dual super-amphiphilic modified cellulose acetate nanofiber membranes with highly efficient oil/water separation and excellent antifouling properties. J Hazard Mater, 2020, 385: 121582.

[19] Ismail N, Venault A, Mikkola J P. Investigating the potential of membranes formed by the vapor induced phase separation process. J Membr Sci, 2020, 597: 117601.

[20] Tsai H A, Kuo C Y, Lin J H, et al. Morphology control of polysulfone hollow fiber membranes via water vapor induced phase separation. J Membr Sci, 2006, 278: 390-400.

[21] Park H C, Kim Y P, Kim H Y. Membrane formation by water vapor induced phase inversion. J Membr Sci, 1999, 156: 169-178.

第9章
渗透汽化膜技术

9.1　引言

与传统的分离技术相比，膜分离技术展现出了很多优势，这些优势包括但不限于不需添加剂、低能耗以及容易与其他工艺过程耦合。至今，膜分离技术已经被广泛应用在气体分离和水处理等多个领域，而渗透汽化膜技术则可以分离液态混合物。1982年，德国的GFT公司建立了第一套渗透汽化膜的工业化系统，该系统用于分离乙醇和水的混合溶剂，此后该公司又建立了50套类似的工业装置[1]。然而用于水纯化或其他溶液体系分离的渗透汽化系统还没有工业化应用。在本章的最后，我们将介绍渗透汽化脱盐技术，作为新兴的渗透汽化技术应用体系的重要代表，以期为该技术的进一步发展和应用提供理论支持和实践指导。

在渗透汽化过程中，液体混合物位于膜的料液侧，在透过侧真空的作用下，料液中的组分渗透到膜的另一侧。渗透汽化过程的推动力是渗透组分在膜两侧由于蒸气压差导致的化学势差异[2]。为了提高渗透汽化膜的通量，渗透侧需要抽真空或者引入气体吹扫的方法降低压力，透过的蒸气通过冷凝的方法收集。在渗透汽化过程中，料液由液态变为气态，这一相变是渗透汽化技术实现高效分离的关键因素之一。

渗透汽化现象最早发现于1917年，Kober报道了液体在密封火棉胶瓶子中向周围空气中扩散的现象[3]。Kober的实验装置如图9-1所示，他向火棉胶瓶中装入325mL的血清蛋白水溶液和25mL的甲苯，然后将密封好的火棉胶瓶放在37℃的房间内用风扇吹。24h后，水溶液层消失了，瓶内还剩下不多的甲苯溶液以及甲苯溶液表面附着的血清蛋白。Kober将这一水溶液消失的现象定义为渗透汽化（pervaporation），该术语由permeation（渗透）和evaporation（汽化）两个单词合并而来。1935 年，Farber 设计了一套渗透汽化装置，该装置用于浓缩蛋白质和酵母的水溶液。在这套装置中，起分离作用的膜是一种玻璃纸袋[4]。到了 1956 年，Heisler 等人用玻璃纸袋采用渗透汽化的方法分离乙醇/水的混合物，并深入研究了溶液中溶质对传质性能的影响[5]。此后，大量的渗透汽化膜被开发出来，并用于不同的液体分离场合。如 19 世纪 50 年代，Binning 发表了用渗透汽化技术除去三元共沸体系（异丙醇/乙醇/水）中水的文章[6]。19 世纪 70 年代，德国 GFT 公司开发出聚乙烯醇/聚丙烯腈渗透汽化复合膜用于有机溶剂脱水，并实现了工业化应用[1]。

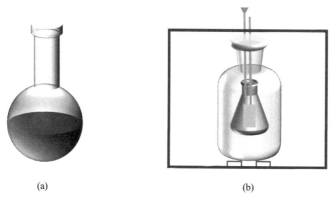

(a)　　　　　　　　　　　(b)

图 9-1　Kober 的渗透汽化实验装置：不加热料液的渗透汽化装置
（圆底瓶由火棉胶加工而成）（a）；采用电加热的方式加热锥形火棉胶瓶内的料液 （b）

9.2　描述渗透汽化过程的模型

渗透汽化的传质过程通常用适用于气体分离的溶解-扩散模型描述，有些研究者则采用表面吸附扩散模型或分子筛分模型来解释无机渗透汽化膜中的传质现象。渗透汽化的应用领域广泛，包括挥发性有机物（VOC）的去除、有机溶剂脱水和有机混合物分离。与精馏方法（distillation）相比，渗透汽化在以下情况下更有优势：①共沸体系；②沸点相近的溶液体系；③高温易发生降解的组分。尤其在脱盐应用中，由于盐组分的非挥发性，渗透汽化膜很容易实现 100％的分离效率。渗透汽化膜的性能受膜材料的化学结构和微观结构的影响巨大，因此渗透汽化膜的发展前景很大程度上取决于新型膜材料的开发。根据溶解-扩散模型，组分在膜中迅速达到溶解平衡，渗透的快慢由扩散系数的大小决定。为了提高分离效率，通常期望混合物中的次要成分优先透过膜。因此，需要明晰膜材料的结构与其功能的相互关系。

分离膜按照表面孔径，可被明确划分为有孔膜和无孔膜。在有孔膜中，扩散由膜的表面孔径大小以及渗透物的分子尺寸共同决定。依据膜的孔径大小，扩散机理分为努森扩散、表面扩散、毛细管凝结和分子筛分等机制（详细介绍见第 5 章）。根据努森扩散机理，分子扩散速度与其和孔壁碰撞的频率呈正相关。根据表面扩散机理，渗透组分吸附到孔壁后以跳跃的方式沿着孔壁扩散。依据毛细管凝结机理，则是渗透物和孔壁之间的相互作用，使渗透物首先凝结在孔壁随后沿着孔扩散。而分子筛分则只容许尺寸小于分子筛直径的分子透过。另一方面，当传质遵循溶解-扩散机理时，渗透组分的传递过程可细分为三个阶段：首先，渗透组分溶解在膜的料液侧；然后，溶解的组分扩散到膜的渗透侧；最后，蒸发到膜下游的真空侧。

渗透汽化膜材料分为有机和无机两类。对聚合物膜，渗透分子首先溶解在聚合物中，通过聚合物分子间由于热运动形成的瞬时通道穿过膜。对于无机膜，渗透物则经过无机膜中的固有孔道扩散到膜的另一侧。渗透物分子在无机膜的孔道内发生表面吸附，进而以努森扩散、表面扩散或毛细管冷凝的方式传质。由此可见，在有机物膜和无机物膜内的传质分别按照溶解扩散或表面吸附扩散的方式。当不同组分的溶解、表面吸附或扩散的速度有差异时，渗透汽化膜可以分离混合组分。通常认为分子筛分机理占据主导地位时，膜的选择性最高，此时的传质机理为表面吸附扩散。

在稳定状态下，组分 i 在渗透汽化膜内的传质可以用 Fick 定律表述。

$$J_i = -D_i \frac{\mathrm{d}C_i}{\mathrm{d}x} \tag{9-1}$$

式中，D_i 为组分 i 的扩散系数；$\mathrm{d}C_i/\mathrm{d}x$ 为组分 i 在膜内的浓度梯度。令组分 i 在膜的上、下表面的浓度为 C_{i1} 和 C_{i2}，膜厚度为 l，则有：

$$J_i = D_i \frac{C_{i1} - C_{i2}}{l} \tag{9-2}$$

定义组分 i 的溶解度参数为 S_i，偏压为 p_i，则：

$$C_{i1} = S_i p_{i1} \tag{9-3}$$

$$C_{i2} = S_i p_{i2} \tag{9-4}$$

式（9-2）可以转化为：

$$J_i = D_i S_i \frac{p_{i1} - p_{i2}}{l} = P_i \frac{p_{i1} - p_{i2}}{l} \tag{9-5}$$

式中，P_i 为组分 i 的渗透性，表述为扩散系数 D_i 和溶解度系数 S_i 的乘积，即 $P_i = D_i S_i$。对气体分离膜材料，渗透性通常被认为是常数，这意味着在特定的操作条件下（如在溶胀状态下或不同压力下的玻璃态聚合物），气体分离膜的渗透性不会随溶胀度或压力的改变而产生变化。然而对渗透汽化膜，膜的料液侧因为与液体直接接触，该区域通常处于高度溶胀状态；透过侧处于真空状态，属于低溶胀状态。这种显著的溶胀差异导致了膜内不同位置渗透性的差异极大。

如图 9-2 所示，渗透汽化膜内的浓度梯度分布可划分为三种类型。在第一种类型中（即不溶胀膜），组分 i 的浓度在整个膜的厚度内，由料液侧到透过侧呈线性下降趋势。该传质行为可以用式(9-1)准确描述。这种模型适合于无机渗透汽化膜材料。然而，对于聚合物膜而言，由于往往会被料液溶胀，这时的浓度分布更符合第二类（中度溶胀材料）或第三类（高度溶胀材料）的模型。在渗透汽化的过程中，聚合物膜可视为由溶胀层和不溶胀层两层构成。在靠近料液侧的聚合物处于高度溶胀状态，此状态下各个组分的扩散速度都很快，造成扩散选择性低。因此，在溶胀层内，不同组分之间根据其溶解选择性的差异实现分离。随后，各组分在溶胀层和不溶胀层的界面处发生选择性的溶解。不溶胀层的厚度很难确定，但可以推断分子在不溶胀层内的扩散速度显著降低。在不溶胀层内，传质过程和气体传质或蒸气传质类似，此时扩散选择性在整体选择性中占据主导地位。不溶胀层通常被视为干燥层、致密层或活性选择性层，其厚度通常远小于溶胀层的厚度。

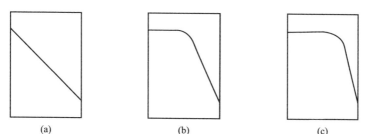

图 9-2　渗透组分在不溶胀渗透汽化膜（a）、中度溶胀的渗透汽化膜（b）、
高度溶胀的渗透汽化膜（c）中的浓度分布曲线

9.3　评价渗透汽化性能的量化方法

与其他膜分离过程类似，膜通量是反映渗透汽化性能的重要参数。料液中组分 i 的通量（F_i）由式(9-6)与测量时间（t）、膜面积（A）和收集到的组分 i 的量（质量、体积或物质的量）关联起来。

$$F_i = \frac{Q_i}{At}$$

（9-6）

在渗透汽化实验的初始阶段，观测到一种类似于气体渗透性测量时的时间延迟（time-lag）现象。具体而言，此现象表现为渗透通量随时间逐渐增长直到稳定。值得注意的是，亦存在与之相反的情况：当膜材料极易被料液溶胀时，初始阶段的通量会比稳定条件下的高。这是由于随着渗透汽化实验的进行，膜的透过侧在真空作用下变得干燥，进而降低了渗透性。为了得到稳定的渗透通量，需要实时观测一段时间，等到通量趋于稳定后再记录数据。根据组分 i 的单位，通量单位可以为 $g/(m^2 \cdot h)$、$kg/(m^2 \cdot h)$、$mL/(m^2 \cdot h)$、$m^3/(m^2 \cdot h)$ 或者是国际标准单位的 $mol/(m^2 \cdot h)$。

前文我们提到渗透汽化过程的推动力，是渗透组分 i 在膜两侧对应的蒸气压差。也可理解为组分 i 在膜的上、下表面之间的浓度差。为了验证这个理论，并和压力驱动膜做对比，研究者测量了渗透汽化膜对正己烷的通量，并记录了料液侧（液态正己烷）的压力以及透过侧气相压力的变化。当透过侧的压力为 300mmHg（1mmHg＝133.322Pa）时，这一压力值超过了测试温度下正己烷的饱和蒸气压。因此，可以推断出在测试条件下，透过侧的正己烷呈现液态。因此渗透汽化过程实际上转化为渗透过程，此时膜的上下侧正己烷浓度基本相同（根据化学势的公式，高压侧的正己烷浓度略高）。随着料液压力的升高，膜通量呈现线性升高的趋势。这一现象和反渗透、纳滤、超滤等过程类似。而当渗透汽化膜的透过侧压力小于正己烷的饱和蒸气压时，组分 i 的通量对压力的敏感度显著下降。尤其在真空度很高时，由于组分 i 在膜两侧形成的浓度梯度很大，且化学势对浓度的敏感性远大于对压力的敏感性，这使得膜通量基本不受压力升高的影响。因此，对渗透汽化过程，相较于升高料液侧的压力，升高温度或降低透过侧压力是提高膜通量的更有效的方法。

由于渗透汽化过程的推动力为膜两侧对渗透组分的分压差或浓度差，因此膜通量对透过侧压力的变化很敏感。当涉及低沸点物质的分离，如正己烷或正庚烷时，特别显著。当膜透过侧的压力超越了它们的饱和蒸气压（例如，在 30℃ 时，正己烷为 50mmHg，正庚烷约为 160mmHg），在透过侧的正己烷和正庚烷将处于饱和状态，此时膜的上下侧基本不存在对这两种组分的浓度差，从而膜通量趋近于零。只有当透过侧压力低于其饱和蒸气压时，膜通量会随着透过侧压力的降低而显著提高。考虑到两个组分的饱和蒸气压区别，当渗透测的压力在 50～160mmHg 之间时，渗透汽化膜将展现出极高的选择性。这是因为在此压力范围内，对于正己烷而言，两侧压力处于饱和蒸气压状态，从而其推动力为 0。而对正庚烷，则可以得到较高的推动力。这个例子表明，对渗透汽化过程，透过侧压力比料液侧压力对分离性能的影响更大。

和其他膜分离过程一样，膜通量随膜厚度的下降而提高。为了研究材料的本质传质性能，可以定义归一化通量（normalized flux），如式（9-7）所示：

$$P_i = \frac{Q_i l}{At} \tag{9-7}$$

式中，l 为膜的厚度。因此归一化通量实际上就是气体分离膜中的渗透率（permeance）的概念，其单位可以是 g・m/(m² ・ h)、kg ・ m/(m² ・ h)、mL ・ cm/(cm² ・ h)、m³ ・ cm/(m² ・ h) 或 mol ・ m/(m² ・ s)。对双组分体系，选择性（permselectivity）或分离因子（selectivity）定义为式（9-8）：

$$\alpha_p = \frac{\left(\dfrac{Y_i}{Y_j}\right)}{\left(\dfrac{X_i}{X_j}\right)} = \frac{Y_i(1-X_i)}{X_i(1-Y_i)} \tag{9-8}$$

式中，X_i，X_j 为组分 i，j 的质量分数或摩尔分数；Y_i，Y_j 为组分 i，j 在膜的透过侧的质量分数或摩尔分数，可通过气相色谱测量。当膜材料不发生溶胀时，理论上可认为归一化通量和选择性不随着膜厚度的变化而改变。但当膜的厚度小于 100nm 时，有机膜和无机膜的表面常出现缺陷，这些缺陷会导致观测到的渗透率提高，而选择性相应下降。此外对结构不对称的渗透汽化膜，即使膜没有明显缺陷，其通量和选择性也会受到膜厚度的影响。例如，对于易溶胀的膜材料，组分在膜内的浓度梯度不再是线性。随着膜厚度的减小，其干燥部分的厚度变化较小，使膜的渗透率提升幅度远小于其膜厚度的下降幅度，如薛云龙等人测量的水的渗透率随磺化交联聚乙烯醇膜厚度的变化关系[7]。此外，由于溶胀的影响，当膜厚度下降时，其选择性会由于干燥层厚度的减小而下降。基于渗透汽化膜的厚度对其分离性能的影响，在比较不同膜材料的渗透性或渗透率时，为了确保数据的准确性和可比性，建议在相同的膜厚度的情况下进行比较。

9.3.1　溶解性和溶解选择性

根据溶解-扩散机理[2]，渗透汽化过程的第一步是料液溶解在膜的表面，第三步是在膜的背面汽化。在到达稳态后，可通过组分 i 的分配系数（partition coefficient）将其在料液侧/透过侧和膜上下两面中的浓度关联起来，如式（9-9）和式（9-10）。

$$K_{i,\mathrm{f}} = \frac{C_{i,\mathrm{feed,membrane}}}{C_{i,\mathrm{feed\text{-}solution}}} \tag{9-9}$$

$$K_{i,\mathrm{p}} = \frac{C_{i,\mathrm{permeate,membrane}}}{C_{i,\mathrm{permeate\text{-}vapor}}} \tag{9-10}$$

由于渗透汽化膜内浓度梯度的存在，直接测量组分在膜表面的浓度极为困难。为了克服这一挑战，研究者们通常采用间接方法，即通过测量厚膜在蒸气中到达溶解平衡后的浓度，进而推导得到吸附等温曲线，并进一步计算得到分配系数。聚合物的表观溶解度系数可以和其在 i 溶液中的溶胀度（degree of swelling）相关联。

$$\text{溶胀度} = \frac{W_W - W_D}{W_D} \times 100\% \tag{9-11}$$

式中，W_W，W_D 为膜材料的湿重、干重。溶胀度反映了膜在料液侧表面的表观溶解度系数。膜对组分 i，j 的溶解选择性（α_s）可由式（9-12）描述。

$$\alpha_s = \frac{\dfrac{z_i}{z_j}}{\dfrac{x_i}{x_j}} \tag{9-12}$$

式中，x_i，x_j 为组分 i，j 在料液中的质量；z_i，z_j 为组分 i，j 在膜中的质量。当膜材料对两个组分中的一种有优先吸附的能力时，称为 A 型或 C 型。其中，A 型膜表示膜对某一组分具有正吸附选择性（$\alpha_s > 0$），而 C 型则表示膜对某一组分具有负吸附选择性（$\alpha_s < 0$）。当膜材料对两个组分不具有溶解选择性时，$\alpha_s = 0$。

溶解过程的 Gibbs 自由能变化包括焓变（ΔH_m）和熵变（ΔS_m）两部分。

$$\Delta G_m = \Delta H_m - T\Delta S_m \tag{9-13}$$

为了使溶解过程发生，$\Delta G_m < 0$，由于 $\Delta S_m < 0$，因此溶解度的大小主要由 ΔH_m 的值决定。当渗透汽化膜和液体接触时，系统的焓变由式（9-14）表示。

$$\Delta H_m = H_{\text{liquid}} + H_{\text{membrane}} - 2H_{\text{liuquid-membrane}} \tag{9-14}$$

系统的混合焓变也可通过溶解度参数计算，由式（9-15）表示。

$$\Delta H_m = V(\delta_{\text{liquid}} - \delta_{\text{membrane}})^2 \phi_{\text{liquid}} \phi_{\text{membrane}} \tag{9-15}$$

式中，V 为液体和膜材料的总摩尔体积；δ 为溶解度参数；ϕ 为体积分数。溶解度参数可以通过内聚能密度计算，其计算方法可见第 8 章。根据式（9-13），为了使混合 Gibbs 自由能小于零，$T\Delta S_m$ 值要大于 ΔH_m。根据式（9-15），当液体和聚合物材料的溶解度参数接近时，混合焓小。在设计膜材料的过程中，可使膜材料的溶解度参数接近希望透过的组分，从而提高其在膜中的溶解度。反之，可使膜材料的溶解度参数与希望截留的组分的溶解度参数差别大，减小其溶解度。值得注意的是，当组分 i 与膜材料之间有强相互作用，或者膜内存在超出组分 i 分子大小的自由体积时，这时混合焓的值会变为负值，说明溶解变为放热过程，类似于表面吸附的情形。在这种情况下，原先用于描述溶解过程的式（9-15）

不再适用。式(9-14) 仍然适用，但会给出负值，代表放热的溶解过程。

第 8 章中介绍的 Hansen 的三维溶解度参数，将溶解度参数 (δ) 分解为基于色散力 (δ_d)、极性力 (δ_p) 和氢键 (δ_h) 三部分。δ_p 和 δ_h 可以合并为 δ_A，称为关联内聚能参数，因此有式(9-16)。各个溶解度参数的数值可通过基团贡献法借助数据表求解。

$$\delta^2 = \delta_d^2 + \delta_p^2 + \delta_h^2 = \delta_d^2 + \delta_A^2 \tag{9-16}$$

通过计算聚合物的溶解度参数，可以判断它在不同溶剂中的溶解性，并找出可以溶解聚合物的溶剂。但是很难找到明确的溶解度参数界限来区分良溶剂和不良溶剂，单纯依靠溶解度参数不能准确预测溶解现象。

9.3.2　扩散性和扩散选择性

渗透汽化过程中的扩散性能通常用气体分离膜中采用的 Fick 定律描述。但由于渗透汽化膜的溶胀情况很严重，其扩散系数受膜内组分 i 的影响很大。扩散系数对浓度的依赖由式(9-17) 描述：

$$D = D_0 \exp(\beta C) \tag{9-17}$$

式中，D 为在浓度 C 下的扩散系数；D_0 为无限稀释条件下的扩散系数；β 为塑化系数（反映膜材料和渗透组分之间的相互作用大小）。β 大，代表膜材料和组分之间亲和力大。当溶胀度为 10% 时，$C = 0.1$，如果 $\beta = 7$，则 D 比 D_0 大 1000 倍[8]。

式(9-17) 表明，由渗透组分造成的膜材料塑化现象对其扩散系数有极大的影响。在渗透汽化膜的干燥部分，当传质到达平衡之前，聚合物链的松弛以及菲克扩散行为是间断的。这个阶段的扩散可认为是非菲克型（non-Fickian diffusion）的扩散。膜的动态吸附行为可以通过式(9-18) 描述：

$$C = C_f + C_r [1 - \exp(-\tau t)] \tag{9-18}$$

式中，C_f 和 C_r 为菲克扩散浓度和在平衡态时的松弛贡献的浓度；τ 为松弛的动力学常数。当小分子的扩散速度远大于聚合物链段的松弛速度时，在膜中会产生一个明显的界面以区分溶胀层和非溶胀层。在这种情况下，聚合物链段的松弛速度是决定扩散速度的关键，界面层沿着聚合物膜以恒定速度移动。这时的扩散行为定义为第二类（type II）扩散。

$$C = kt^n \tag{9-19}$$

当扩散行为满足第二类扩散的特点时，$n = 1$，$C = kt$。当菲克扩散和第二类扩散同时发生时，$0.5 < n < 1$。

气态小分子或蒸气分子在膜内扩散时，如果传质分子和膜材料的相互作用较小，它们的扩散系数可以和膜材料的自由体积分数（FFV）相关联，如式(9-20)所示：

$$D = D_0 \exp\left(-\frac{E_d}{\text{FFV}}\right) \tag{9-20}$$

式中，D_0 为指前因子；E_d 为扩散活化能。它们反映了分子的尺寸和形状对扩散的影响。如第 5 章介绍，描述分子形状的重要参数有动力学直径、临界体积、范德华体积以及莱纳德-琼斯直径。对双原子和多原子分子，其横截面积代表了分子在扩散过程中所需的最低容许扩散空间，其长度代表了分子在介质中移动所需的最小扩散路径。这些参数的大小也影响了分子的扩散行为。此外，分子的振动包括伸缩、剪切、扭转，也会影响传质过程。通过自由体积分数关联气体分子的传质行为，通常发现当聚合物的分子结构类似时，才和式(9-20)的预测结果一致性高。

自由体积分数只能反映聚合物的全部自由体积含量，不能反映自由体积尺寸的影响。如果能够测量聚合物的自由体积分布，如通过正电子湮灭技术，则可以更好地预测扩散性能。当用正电子湮灭测量聚合物时，会给出两种参数：τ_n 和 I_n（%）。τ_n 对应自由体积的尺寸，I_n（%）代表 τ_n 的数量。随着 n 的提高，自由体积的尺寸增加。对大多数聚合物，n 在 $1 \sim 3$ 之间。τ_4 仅对一些自由体积分数极大的聚合物如聚乙炔类（PTMSP）、Teflon2400 等有意义。气体的扩散性能一般和 $(\tau_3^3 I_n) - 1$ 相关联，$\tau_3^3 I_n$ 代表聚合物中体积达到 τ_3 的体积之和。气体在聚乙炔类大自由体积的聚合物中的扩散系数则和 $\tau_{43} I_n$ 或 $\tau_4^3 I_n + \tau_3^3 I_n$ 相关联。$\tau_1 \sim \tau_4$ 尺寸的自由体积之间的连通性也是判断气体扩散能力的重要指标。

经典的自由体积理论在描述分子扩散行为时，没有考虑相互作用对分子扩散的影响。但聚合物的介电常数和自由体积分数之间存在潜在的联系。同时聚合物的极性极大影响其介电常数。将介电常数（ε）和扩散系数建立关系，由 Clausius-Mossottii 方程，可以得到式(9-21)。

$$D = \gamma_D \exp\left(\frac{-\beta_D}{1-\alpha}\right) \tag{9-21}$$

式中，$\alpha = 1.3 \dfrac{V_W}{P_{LL}} \times \dfrac{\varepsilon-1}{\varepsilon+2}$；$\gamma_D$ 和 β_D 为可调常数；V_W 为聚合物的范德华体积；P_{LL} 为摩尔极性。对比式(9-20)，$1-\alpha$ 代替了自由体积分数，而 α 中包括了自由体积贡献（范德华体积）、极性和介电常数。一些结果表明，式(9-21) 可以更好地解释小分子在聚合物中的扩散行为。

当渗透汽化膜被料液溶胀时，常采用其平均扩散系数（上游溶胀态下和下游干燥态下扩散系数的平均）关联膜通量。

$$F_i = \frac{\bar{D}_i k S_i}{l} \tag{9-22}$$

$$F_j = \frac{\bar{D}_j k S_j}{l} \tag{9-23}$$

式中，S_i，S_j 为组分 i，j 的溶胀度；$k = \dfrac{1}{\dfrac{S_i}{\rho_i} + \dfrac{S_j}{\rho_j} + \dfrac{100}{\rho_m}}$，下标 m 代表膜。

扩散选择性：$\alpha_D = \dfrac{\bar{D}_i}{\bar{D}_j}$。

9.3.3　整体渗透性能

渗透汽化膜的渗透性和整体选择性通常被表达为溶解性与扩散性的乘积，以及溶解选择性和扩散选择性的乘积。由于溶胀现象的存在，渗透汽化膜的溶解度参数和扩散系数受到膜内组分浓度的直接影响。当料液的组成发生改变时，相应组分的溶解度参数和扩散系数也会随之改变，相应组分各自的渗透性、选择性、透过侧的组成也会变化。因此，在讨论渗透汽化膜的分离性能时，需要明确料液组成。

9.3.4　温度对渗透汽化性能的影响

很多研究将渗透汽化膜的渗透率（P）与温度用阿雷尼乌斯公式（Arrhenius rule）关联，如式（9-24）所示。然而这个关系成立的前提条件是膜材料没有被塑化，膜的分子链之间的排列情况不发生改变。

$$P = P_0 \exp\left(-\frac{E_p}{RT}\right) \tag{9-24}$$

使用式（9-24）要求膜材料的玻璃化温度，液体的沸点不改变；膜的透过侧在压力远小于液体饱和蒸气压的条件下运行。当阿雷尼乌斯公式成立时，相应的溶解度参数和扩散系数满足另两个阿雷尼乌斯公式。

$$S = S_0 \exp\left(-\frac{\Delta H_s}{RT}\right) \tag{9-25}$$

$$D = D_0 \exp\left(-\frac{E_D}{RT}\right) \tag{9-26}$$

根据溶解-扩散模型，$P = DS$。将式（9-25）、式（9-26）两式代入式（9-24）

有：$E_p = \Delta H_s + E_D$。通常在温度升高时，溶解度下降且扩散系数提高。因此吸附热是负的，扩散活化能是正值。当溶解性对渗透率的贡献大于扩散性时（这一规律常见于高溶胀性材料），则升高温度可能导致通量的下降，这时的渗透活化能呈现为负值。如前文所述，这时膜材料由于溶胀，其玻璃化温度和分子链的排列情况会发生显著变化。因此阿雷尼乌斯公式已经不适用，计算的渗透活化能不具有实际意义。

组分 i 对组分 j 的选择性或分离因子在双组分体系中满足以下关系：

$$\alpha_p = \frac{P_i}{P_j} = \frac{P_{i0}}{P_{j0}} \exp\left(-\frac{E_{pi} - E_{pj}}{RT}\right) \tag{9-27}$$

相应的溶解选择性和扩散选择性满足：

$$\alpha_s = \frac{S_{i0}}{S_{j0}} \exp\left(-\frac{\Delta H_{si} - \Delta H_{sj}}{RT}\right) \tag{9-28}$$

$$\alpha_D = \frac{D_{i0}}{D_{j0}} \exp\left(-\frac{E_{Di} - E_{Dj}}{RT}\right) \tag{9-29}$$

9.4 渗透汽化性能的评价装置

如图 9-3 所示，平板型渗透汽化膜组件是实验室最常用的渗透汽化有机膜性能表征设备。对无机膜材料，管式膜组件是最常用的膜组件。在膜的操作过程中，料液侧以死端方式或错流形式运行，膜的透过侧通过真空提供传质推动力。在绝大多数的渗透汽化实验中，膜的上下游温度通常保持一致。当膜的上下游存在温度梯度时（如料液预热），渗透汽化过程称为热渗透汽化过程[9]。透过侧的蒸汽通过冷凝器冷凝，在实验室环境中，最常采用的冷媒是液氮。冷凝后的蒸气通过称重或测量体积后，可通过式(9-6)计算膜通量。透过物质的组分可通过气相色谱检测后，由式(9-8)计算选择性。在报告渗透汽化性能时，需要注意通量和选择性会因料液组成的不同而改变，因此要在汇报性能时说明所使用的测试条件。

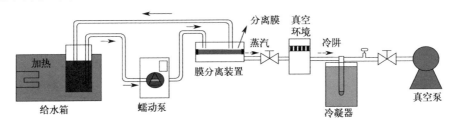

图 9-3 平板膜的渗透汽化性能测试装置

由于汽化热效应的存在，料液在膜内部的汽化过程会导致膜表面温度下降，进而引发显著的温差极化现象。这种温差极化随着膜面积的增加而愈发显著，使实际膜通量远低于理想状态下的预期值，这时需要采用段间加热的方法向料液补充热量。在吸附达到平衡状态后，膜材料内吸收的混合溶液成分可以通过特定的测量方法进行定量评估。具体方法是通过加热膜材料使吸附的溶液汽化，然后将蒸气通过冷胼收集后测量。通过测量膜材料溶解的料液组分，可以计算膜对混合料液的溶解选择性。

9.5　渗透汽化膜材料的设计

首个商业化的渗透汽化膜是用于乙醇脱水的交联聚乙烯醇复合膜[10]。复合膜的支撑层为多孔的聚丙烯腈膜，选择性层是聚乙烯醇。这种聚乙烯醇/聚丙烯腈复合膜不仅适用于乙醇脱水，同样也可以用于苯脱水、异丙醇脱水等[11]。目前，聚合物渗透汽化膜主要用于有机溶剂脱水和易挥发有机物的回收。在膜材料的设计过程中，溶解-扩散模型是两种主要膜材料设计的理论基础。当易挥发有机物分子的尺寸大于水分子时，扩散选择性将优先促进水分子的传质。此外，易挥发组分和水的混合物对膜材料的亲和性差异，可以通过它们与膜材料的溶解度参数之间的差异判断：亲水性聚合物倾向于优先吸附水分子；而疏水性的膜材料则优先吸附有机分子。当扩散选择性占据主导地位时，疏水性的聚合物也会优先水分子透过，如玻璃态的聚砜、聚醚砜、聚酰亚胺、聚碳酸酯等。

在渗透汽化过程中，通过选择性透过料液中的少数组分，可以提高分离效率。因此，在有机溶剂脱水的过程中，优先选择具有亲水性的渗透汽化膜材料，以确保水分子的高效透过；而在水中回收易挥发组分时，则倾向于选择优先易挥发组分透过性的膜材料。侧基取代的聚乙炔类聚合物（PTMSP）在以上两种应用中均体现出良好的性能。

无机膜材料因为良好的分子筛分效应，在渗透汽化膜领域得到了广泛关注。沸石分子筛（silicalite）膜因其具有优异的乙醇优先通过性能而被深入研究[12]。研究表明，乙醇通量不受料液中水浓度的影响，然而，水通量因乙醇的存在而下降。这表明乙醇分子优先吸附在沸石的孔中，从而限制了水分子的传质。例如NaX 和 NaY 沸石膜，优先吸附甲醇/甲基叔丁基醚（MTBE）混合物中的甲醇。其中，针对体系是甲醇/甲基叔丁基醚（1：9）混合物，NaX 沸石膜的通量达到 $0.46kg/(m^2 \cdot h)$，且对甲醇对甲基叔丁基醚的选择性达到 10000，操作温度 50℃。相比之下，NaY 沸石膜在同一体系下展现出更高的通量，达到 1.7kg/

$(m^2 \cdot h)$，对甲醇对甲基叔丁基醚的选择性达到 5300。在 75℃分离乙醇/水（90：10，质量比）混合物，NaA 沸石膜（Al_2O_3：SiO_2：Na_2O：H_2O＝1：2：2：120，摩尔比）的通量为 $2.2kg/(m^2 \cdot h)$，水对乙醇的选择性达到 10000。这些无机膜的渗透汽化传质机理可以用表面吸附-扩散解释，两种组分都可以在膜孔内发生吸附和扩散，但由于它们与膜材料的吸附能力和扩散能力的差异，体现膜的分离性能。当无机分子筛膜的孔径分布更集中时，如自支撑的 MFI 型沸石膜，其孔直径为 0.6nm，可对分子直径十分接近的混合体系（如对二甲苯和邻二甲苯体系）表现出极高的选择性。例如，在理想情况下，该膜对二甲苯/邻二甲苯体系的选择性为 69，而在分离体积比为 50：50 混合体系时，其选择性为 40。

9.6　渗透汽化膜材料的稳定性

易挥发组分回收膜为了弱化扩散选择性对水分子的选择性透过能力，一般选择橡胶态聚合物，如选择聚二甲基硅氧烷膜材料。当在橡胶态聚合物中接枝玻璃态链段时，如在聚二甲基硅氧烷上接枝聚甲基丙烯酸甲酯（PMMA），会产生相分离现象。当聚二甲基硅氧烷的含量为 40％（摩尔分数）时，膜中的连续相由聚甲基丙烯酸甲酯转变为聚二甲基硅氧烷。含苯 0.05％（质量分数）的水溶液中苯对水的选择性随着聚二甲基硅氧烷含量的继续提高产生巨大的变化。当聚二甲基硅氧烷含量达到 68％（摩尔分数）时，苯对水的选择性高达 3730[13]。交联是提高膜稳定性的常用方法。以甲基丙烯酸甲酯和甲基丙烯酸形成的共聚物为例，通过 Fe^{3+} 和 Co^{2+} 的交联作用，显著提升了膜的性能。交联膜对苯和环己烷混合物中的苯体现出优先通过的性能。这是由于苯的氢键溶解度参数大于环己烷，导致其在聚甲基丙烯酸甲酯膜中的溶解度参数和极性也相应增大，从而使得苯更易于通过膜交联，降低了膜材料的溶胀度，还进一步提高膜的选择性。渗透汽化膜的分离性能受温度的影响很大，例如，用聚氨酯膜处理苯酚水溶液或用交联聚二甲基硅氧烷膜处理 10×10^{-6} 的易挥发组分溶液时，易挥发组分/水选择性的最佳值在 60～70℃的操作温度下获得。这是由于在这一温度范围内，饱和水蒸气压的急剧提高，易挥发组分/水的选择性急剧下降。

9.7　渗透汽化脱盐

在全球范围内，淡水资源短缺已成为一个亟待解决的重大问题[14]，面对这一挑战，海水淡化技术被视为一种行之有效的应对策略。其中，反渗透技术具有出水水质好、投资较小、能耗低（2～4kW·h/t 水）的优点，在海水淡化应用中占据主导地位。但是该技术伴随产生大量的浓盐水 $[C_{NaCl}>6\%$（质量分数），250 万～300 万吨/d]，对海洋生态平衡和环境安全造成严重威胁，因此迫切需求开发浓盐水零排放技术。目前，浓盐水的处理技术有蒸发法和热驱动膜法两大类。蒸发法包括多级闪蒸（MSF）、多效蒸发（MED）和机械热压缩（MVR）等[15]。多效蒸发和多级闪蒸存在装置尺寸大、能耗高、易结垢以及设备腐蚀严重的问题；机械热压缩面临高电耗（约 46kW·h/t 水），且蒸发设备同样存在腐蚀和结垢的问题，上述缺点限制了蒸发脱盐技术的推广[16]。热驱动膜分离脱盐技术包括膜蒸馏（MD）[17] 和渗透汽化（PV）。膜蒸馏技术是在温度差的作用下使蒸汽透过疏水多孔膜，实现盐/水分离 [图 9-4（a）]。由于膜蒸馏膜的疏水特性，盐溶液中的有机油脂、胶体和微生物容易黏附在膜蒸馏膜表面，造成膜污染。此外，膜孔也会被有机物和高价无机盐（如碳酸钙）堵塞或润湿，从而导致膜的截盐率、水通量下降。因此膜蒸馏膜存在长期使用稳定性不足的问题[18]。渗透汽化作为一种热驱动的膜分离技术，它利用料液中各组分在致密膜或分子筛膜内的溶解性和扩散性差异对料液进行分离，其选择性在理论上无极限[19]。在渗透汽化脱盐过程中，可以通过原料液升温、透过侧真空或惰性气体吹扫等方式，增大膜两侧水的化学势差。因此，渗透汽化过程的传质推动力对料液中的盐浓度不敏感，特别适于浓盐水的处理[20]。渗透汽化复合膜的结构如图 9-4（b）所示，包含亲水致密分离层和多孔支撑层。亲水性致密层可以限制有机物的传质、抑制有机污染物的堆积、避免支撑层的孔被润湿或堵塞[21]，从而提高渗透汽化脱盐膜的运行稳定性，但也增加了传质阻力。因此提高渗透汽化脱盐膜的水通量，尤其是处理高浓度盐水时的水通量，成为当前研究的关键。

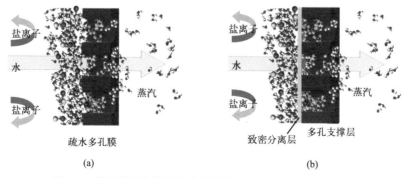

图 9-4　膜蒸馏膜和渗透汽化复合膜的水/盐分离过程示意图

（a）膜蒸馏；（b）渗透汽化

渗透汽化复合膜的传质阻力来自致密分离层和多孔支撑层两部分。为优化其性能，一些研究者选择亲水性聚合物［如纤维素[22,23]、聚乙烯醇（PVA）[24-27]、壳聚糖[28] 等］或亲水性纳米材料（如沸石[29,30]、GO[31-34]、MXene[35]、ZIF[36]等）来制备分离层。通过减少分离层的厚度，研究者将渗透汽化膜的水通量提高到 $60\sim85kg/(m^2\cdot h)$，在 75℃条件下，使用 3.5％（质量分数）的 NaCl 溶液作为料液。另有研究者从降低支撑层的传质阻力出发[37,38]，以高孔隙率、高连通性的聚丙烯腈电纺丝为支撑层，并以高水渗透性、高韧性的丙烯酸-2-丙烯酰胺-2-甲基丙磺酸共聚物[P(AA-AMPS)]交联聚乙烯醇为分离层，制备了磺化交联聚乙烯醇/聚丙烯腈电纺丝复合膜（S-PVA/PAN）[39]。磺化聚乙烯醇聚合物的高韧性确保了即使支撑层表面孔径较大，致密皮层仍可以保持完整性。S-PVA/PAN 膜在处理 3.5％（质量分数）的盐水时，水通量高达 $211.4kg/(m^2\cdot h)$，对 NaCl 的截盐率超过 99.8％。如图 9-5 所示，该膜的水通量是目前报道渗透汽化脱盐膜的 3～20 倍，并超过已知膜蒸馏膜的最高水通量[$200kg/(m^2\cdot h)$][40]。

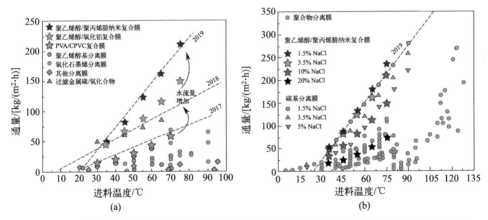

图 9-5　聚乙烯醇/聚丙烯腈电纺丝复合膜的水通量和其他渗透汽化膜和膜蒸馏膜的比较

(a) 渗透汽化膜；(b) 膜蒸馏膜

尽管渗透汽化复合膜的纯水通量高，但其水通量受料液盐浓度影响显著。当料液中 NaCl 浓度由 1.5％（质量分数）升高至 20％时，S-PVA/PAN 电纺丝复合膜的水通量下降了 70％［由 $234kg/(m^2\cdot h)$ 下降为 $74kg/(m^2\cdot h)$］，这一降幅远大于料液侧蒸汽分压的下降幅度（约 20％）。这是由于膜表面的浓差极化现象（即膜表面的盐浓度远高于料液的本体浓度[41]），盐结垢[42]，以及分离层材料在高盐浓度料液中的低溶胀现象。高盐浓度料液的高渗透压导致渗透汽化复合膜分离层的溶胀度下降，自由体积减少，进而使水分子在其中的扩散系数显著降低[43]。研究结果表明，交联聚乙烯醇膜在盐溶液中的溶胀度随着 NaCl 浓度提升至 25%，由 116.1% 降低至 45.2%（下降了 61%），同时水分子在膜内的扩散系数由 1.18×10^{-10} m^2/s 减少至 3.4×10^{-11} m^2/s（减少了 71%）。这些结果强有力地证明了膜材料的溶胀度对水分子在渗透汽化膜中传质速度具有显著影响。已有研究表明[30]，水分子在膜中的扩散系数不是常数，在料液侧附近的膜溶胀度高，水分子扩散系数大；而在真空侧附近的膜处于"干燥"状态，水分子扩散系数则远小于料液侧。图 9-6(a) 是通过磺化交联聚乙烯醇膜的蒸汽动态脱附数据计算出的水分子扩散系数与膜中水浓度的关系[7]。图中显示，随着膜内水浓度的提高，水分子扩散系数呈现指数级的提升。由此可以推断，当盐浓度高时，溶液中水的化学势降低，达到热力学平衡时膜内的水浓度与膜的溶胀度随之下降，进而导致水分子在膜内的扩散系数大幅下降。渗透汽化脱盐过程中的浓差极化和膜污染问题可通过提高料液的湍流强度或膜清洗而缓解[42]，但是渗透汽化膜分离层在浓盐水中的低溶胀度问题不能通过改变渗透汽化脱盐过程的操作条件解决。

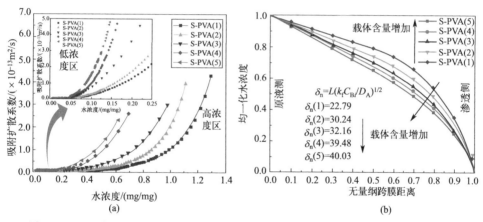

图 9-6　（a）水分子在磺化交联聚乙烯醇（S-PVA）中的扩散系数和水浓度的关系；
（b）水分子在磺化交联聚乙烯醇（S-PVA）中的均一化浓度和跨膜距离的关系

薛等以三种含磺酸基团的交联剂，即丙烯酸-2-丙烯酰胺-2-甲基丙磺酸共聚物[P(AA-AMPS)]、4-磺基-邻苯二甲酸、磺基琥珀酸，通过酯化反应与聚乙烯醇材料进行交联，以构建复合膜的分离层[40]。在此基础上，他们进一步构建了水分子在磺化聚乙烯醇中动力学传质过程的数学模型[7]。模型分析结果表明，在磺酸基团附近的水分子浓度高，并指出水分子在磺酸基团间可以通过"跳跃"的形式传质。如图 9-6（a）所示，当膜内水浓度保持恒定时，随着磺酸基团浓度的提高（S-PVA 中的磺酸基团浓度由标号 1～5 逐渐提高），水分子的扩散系数相应升高。因此磺酸基团可在膜内溶胀度固定的条件下，进一步提高水分子的扩散速度。但是过度增加磺酸交联剂的浓度会导致交联密度的过度增大，进而限制水分子的扩散，降低水通量。因此，在设计渗透汽化膜材料时，应综合考虑交联结构和促进传质官能团对水分子传质的影响。

P. J. Flory 研究了交联聚电解质在盐溶液中的溶胀行为[44]。研究指出，在溶胀过程中，交联聚合物内部的分子链在交联点之间需要调整自身构象来适应聚合物与溶剂的相互作用体系。这一过程会导致与溶胀过程反向的收缩弹性力产生，直到达到溶胀平衡状态。此外膜内的促进传质基团（如含磺酸基团的聚电解质）将使膜内的水渗透压上升。为了使膜与溶液间的渗透压达到平衡，膜将从溶液中吸收更多的水分，因此膜的溶胀度也会提高。Flory 推导出了交联聚合物的溶胀度（q_m）与未溶胀状态下单位体积内带电基团的数量（i/V_u）、盐溶液的摩尔离子强度（S^*）、膜内聚合物和溶剂的相互作用参数 χ_1、溶剂的摩尔体积 V_1、膜的交联度（$\dfrac{\nu_e}{V_0}$）的关系：

$$q_m^{\frac{5}{3}} \approx \left[\left(\frac{i}{2V_u S^{*\frac{1}{2}}} \right)^2 + \frac{\left(\frac{1}{2} - \chi_1 \right)}{V_1} \right] \Big/ \left(\frac{\nu_e}{V_0} \right) \qquad (9\text{-}30)$$

随着带电基团数量的提高，式右侧第一项的数值提高，q_m 增加；随着交联密度的提高，$\dfrac{\nu_e}{V_0}$ 增加，q_m 减小；溶液的盐浓度提高，S^* 提高，式右侧第一项的数值减小，q_m 减小。可见增加膜内聚电解质的含量或降低交联密度，均可以提升膜的溶胀度，进而提高膜在浓盐水下的水通量。

图 9-7 磺化聚乙烯醇的交联网络结构：蜷曲的聚合物分子链在拉力作用下伸展开，使膜具有较好的延展性[45-49]

为了制备薄层复合膜，分离层材料需要有优异的力学性能。根据薄膜应力理论，致密皮层的应力（σ）与皮层厚度（δ）、跨膜压差（Δp）和曲率半径（R_1）有以下关系：

$$\sigma = \frac{\Delta p R_1}{2\delta} \tag{9-31}$$

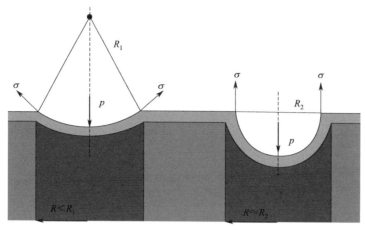

图 9-8　在压力下复合膜致密分离层的受力分析：左侧给出薄膜曲率半径大于
孔半径的薄膜受力分析；右侧是薄膜曲率半径接近孔半径时的薄膜受力分析

如图 9-8 左侧所示，致密皮层的曲率半径 R_1 不小于支撑层的孔半径 R。随着支撑层孔径的增大，皮层的曲率半径亦相应增大，导致致密皮层的应力增大。当这一应力超过皮层的抗张强度时，将导致皮层破裂。当分离层在跨膜压差（p）的作用下发生形变时，形变程度越小，形变区域的曲率半径（R_1）则越大。根据式（9-31）所描述的关系，薄膜在形变过程中产生的应力（σ）相较于厚膜而言更为显著。随着分离层形变的增大，R 逐渐减小直到与支撑层的孔半径接近（图 9-8 右侧所示，$R \approx R_2$）。此时分离层的应力最小，对应伸长率为 57%。由此可见，为了在较薄的厚度下满足皮层的完整性，分离层材料不仅需要具备足够的强度，还应具备高韧性。

9.8　总结与展望

本章介绍了渗透汽化的基本原理、发展背景、实验方法、膜结构和性能的关系。与其他分离膜技术相比，渗透汽化过程中的传质和分离理论还不完善。绝大多数仅针对特定的范围成立，且在不同体系中往往得到相悖的结论，这极大地挑战了渗透汽化膜设计的科学性与准确性。

渗透汽化理论构建的核心难点在于渗透汽化过程中膜的分离层同时存在溶胀和干燥区域。在溶胀和干燥区域的界面处，各种传质性能都会发生显著的变化，这使得预测渗透汽化行为更为困难。通量和选择性受到料液组成、操作温度和透过侧压力等多种因素的显著影响。为了维持稳定的分离性能，必须严格控制渗透汽化过程的操作参数，这在某种程度上限制了渗透汽化技术的工业化应用。另一方面也为渗透汽化技术的深入研究提供了充分的研究空间。

脱盐作为渗透汽化技术的新兴应用领域，未来的研究重点应该聚焦于提高渗透汽化膜在高浓度盐水下的脱盐性能。为了实现这一目标，分离层材料应具备高浓度盐水下的高水渗透性以及良好的韧性。因此，在满足力学性能的前提下，应优化聚合物的交联结构，并调控促进传质基团的浓度，从而提高材料在高浓度盐水中的溶胀度，进而提升其脱盐效率。

参考文献

[1] 陈翠仙，蒋维均. 渗透汽化研究进展，现代化工，1991，4：14-17.

[2] Wijmans J G，Baker R W. The solution-diffusion model：A review. J Membr Sci，1995，107：1-21.

[3] Kober P A. Pervaporation，perstillation and percrystallization. J Am Chem Soc，1917，39：944-948.

[4] Farber L. Application of pervaporation. Science，1935，82：158.

[5] Heisler E G，Hunter A S，Siciliano J，et al. Solute and temperature effects in the pervaporation of aqueous alcoholic solutions. Science，1956，127：77-79.

[6] Binning R C，Lee R J. Chapter 8-Separation of azeotropic mixtures，Supercritical fluid science and technology. Elsevier，2013.

[7] Xue Y L，Lau C H，Cao B，et al. Elucidating the impact of polymer crosslinking and fixed carrier on enhanced water transport during desalination using pervaporation membranes. J Membr Sci，2019，575：135-146.

[8] Nakagawa T. Gas separation and pervaporation，In membrane science and technology. Elsevier，1992.

[9] Apel P，Challard N，Cuny J. Application of the pervaporation process to separate azeotropic mixtures. J Membr Sci，1976，1：271-287.

[10] US 2956070 [P]. 1960-10-11.

[11] 陈翠仙，余立新，祁喜旺. 渗透汽化膜分离技术的进展及其在石油化工中的应用. 膜科学与技术，1997，17（3）：14-18.

[12] Nomura M，Yamaguchi T，Nakao S. Ethanol/water transport through silicalite membranes. J Membr Sci，1998，144：161-171.

[13] Uragami T，Yamada H，Miyata T. Removal of dilute volatile organic compounds in water through graft copolymer membranes consisting of poly（alkylmethacrylate）and poly（dimethylsiloxane）by pervaporation and their membrane morphology. J Membr Sci，2001，187：255-269.

[14] 阙大学，吕连菊. 中国城镇化对水资源利用的影响. 城市问题，2018，7：1-12.

[15] Elimelech M，Phillip A. The future of seawater desalination：energy，technology，and the environment. Science，2011，333：712-717.

[16] Tong T，Elimelech M. The global rise of zero liquid discharge for wastewater management：drivers，

technologies, and future directions. Environ. Sci Tech, 2016, 50: 6846-6855.

[17] Drioli E, Ali A, Macedonio F. Membrane distillation: Recent developments and perspectives. Desalination, 2015, 356: 56-84.

[18] Rezeei M, Warsinger D M, Lienhard J, et al. Wetting phenomena in membrane distillation: mechanisms, reversal, and prevention. Water Res, 2018, 139: 329-352.

[19] Feng X, Huang R. Liquid separation by membrane pervaporation: A Review. Ind Eng Chem Res, 1997, 36: 1048-1066.

[20] Wang Q, Li N, Bolto B, et al. Desalination by pervaporation: A review. Desalination, 2016, 387: 46-60.

[21] Wu D, Cao A, Zhao H, et al. Pervaporative desalination of high-salinity water. Chem Eng Res Des, 2018, 136: 154-164.

[22] Huth E, Muthu S, Ruff L, et al. Feasibility assessment of pervaporation for desalinating high-salinity brines. J Water Reuse Desalination, 2014, 4 (2): 109-124.

[23] Naim M, Elewa M, El-Shafei A, et al. Desalination of simulated seawater by purge-air pervaporation using an innovative fabricated membrane. Water Sci Technol, 2015, 72 (5): 785-793.

[24] Chaudhri G, Rajai H, Singh S. Preparation of ultra-thin poly (vinyl alcohol) membranes supported on polysulfone hollow fiber and their application for production of pure water from seawater. Desalination, 2015, 367: 272-284.

[25] Liang B, Li Q, Cao B, et al. Water permeance, permeability and desalination properties of the sulfonic acid functionalized composite pervaporation membranes. Desalination, 2018, 433: 132-140.

[26] Zhang R, Liang B, Qu T, et al. High-performance sulfosuccinic acid cross-linked PVA composite pervaporation membrane for desalination. Environ Technol, 2017, 1-9.

[27] Meng J, Li P, Cao B. High-flux direct contact pervaporation membranes for desalination. ACS Appl Mater Interface, 2019, 11: 28461-28468.

[28] Qian X, Li N, Wang Q, et al. Chitosan/graphene oxide mixed matrix membrane with enhanced water permeability for high-salinity water desalination by pervaporation. Desalination, 2018, 438: 83-96.

[29] Cho H, Oh Y, Kim K, et al. Pervaporative seawater desalination using NaA zeolite membrane: Mechanisms of high water flux and high salt rejection. J Membr Sci, 2011, 371 (1-2): 226-238.

[30] Drobek M, Yacou C, Motuzas J, et al. Long term pervaporation desalination of tubular MFI zeolite membranes. J Membr Sci, 2012, 415: 816-823.

[31] Liang B, Zhan W, Qi G, et al. High performance graphene oxide/polyacrylonitrile composite pervaporation membranes for desalination applications. J Mater Chem A, 2015, 3 (9): 5140-5147.

[32] Xu K, Feng B, Zhou C, et al. Synthesis of highly stable graphene oxide membranes on polydopamine functionalized supports for seawater desalination. Chem Eng Sci, 2016, 146: 159-165.

[33] Qian Y, Zhou C, Huang A. Cross-linking modification with diamine monomers to enhance desalination performance of graphene oxide membranes. Carbon, 2018, 136: 28-37.

[34] Huang A, Feng B. Synthesis of novel graphene oxide-polyimide hollow fiber membranes for seawater desalination. J Membr Sci, 2018, 548: 59-65.

[35] Liu G, Shen J, Liu Q, et al. Ultrathin two-dimensional MXene membrane for pervaporation desali-

nation. J Membr Sci，2018，548：548-558.

[36] Zhu Y，Gupta K M，Liu Q，et al. Synthesis and seawater desalination of molecular sieving zeolitic imidazolate framework membranes. Desalination，2016，385：75-82.

[37] Li Q，Cao B，Li P. Fabrication of high performance pervaporation desalination composite membranes by optimizing the support layer structures. Ind Eng Chem Res，2018，57 (32)：11178-11185.

[38] Cheng C，Shen L，Yu X，et al. Robust construction of a graphene oxide barrier layer on a nanofibrous substrate assisted by the flexible poly (vinylalcohol) for efficient pervaporation desalination. J Mater Chem A，2017，5 (7)：3558-3568.

[39] Xue Y，Huang J，Lau C，et al. Tailoring the molecular structure of crosslinked polymers for pervaporation desalination. Nature Comm，2020，1461 (11) .

[40] Chen W，Chen S，Liang T，et al. High-flux water desalination with interfacial salt sieving effect in nanoporous carbon composite membranes. Nat Nanotechnol，2018，13 (4)：345-350.

[41] Li L，Hou J，Ye Y，et al. Composite PVA/PVDF pervaporation membrane for concentrated brine desalination：Salt rejection，membrane fouling and defect control. Desalination，2017，422：49-58.

[42] Li L，Hou J，Ye Y，et al. Suppressing salt transport through composite pervaporation membranes for brine desalination. Appl Sci，2017，7：856.

[43] Wu D，Gao A，Feng X. Salt transport in polymeric pervaporation membrane. Chinese J Chem Eng，2020，28 (3)：758-765.

[44] Flory P J. Principles of polymer chemistry. Cornell University Press，1953.

[45] Sun J Y，Zhao X，Illeperuma W，et al. Highly stretchable and tough hydrogels. Nature，2012，489：132-136.

[46] Li J，Suo Z，Vlassak J. Stiff，strong，and tough hydrogels with good chemical stability. J Mater Chem B，2014，2：6708-6713.

[47] Dai X，Zhang Y，Gao L，et al. A mechanically strong，highly stable，thermoplastic，and self-healable supramolecular polymer hydrogel. Adv Mater，2015，27：3566-3571.

[48] Horkay F，Tasaki I，Basser P. Osmotic swelling of polyacrylate hydrogels in physiological salt solutions. Biomacromolecules，2000，1：84-90.

[49] Luo F，Sun T，Nakajima T，et al. Oppositely charged polyelectrolytes form tough，self-healing，and rebuildable hydrogels. Adv Mater，2015，27：2722-2727.